AF611197

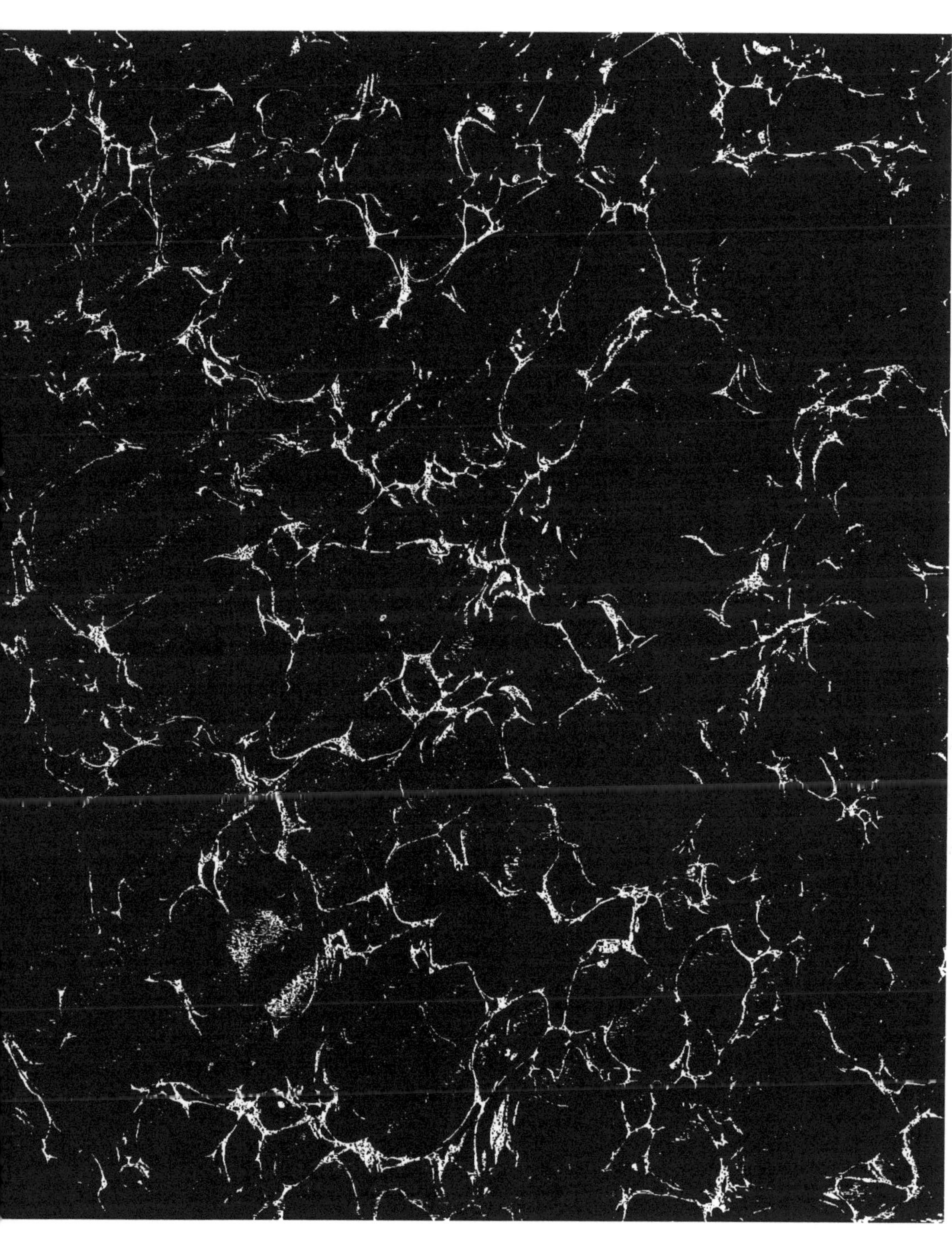

V

PROJET DE RÉGULARISATION

ET D'ENDIGUEMENT

DE LA LOUE ET DU DOUBS

DANS LE DÉPARTEMENT DU JURA.

Imprimerie de H. Fournier et Ce, 7 rue Saint-Benoît.

PROJETS DE RÉGULARISATION

ET D'ENDIGUEMENT

DE LA LOUE ET DU DOUBS

DANS LE DÉPARTEMENT DU JURA

PAR

A.-R. POLONCEAU

INSPECTEUR DIVISIONNAIRE DES PONTS ET CHAUSSÉES, EN RETRAITE.

Les conditions générales et les discussions de principes dans les endiguements de rivières, qui forment le premier chapitre des projets présentés pour la Loue et le Doubs, ont été publiés séparément; le présent cahier, faisant suite à la 1re publication, renferme les chapitres 2, 3 et 4, qui comprennent l'exposé détaillé des projets, les estimations des dépenses et l'examen des intérêts appelés à concourir à l'exécution des travaux et les propositions relatives aux répartitions des dépenses.

PARIS
LIBRAIRIE SCIENTIFIQUE-INDUSTRIELLE
de L. MATHIAS (Augustin),
15, QUAI MALAQUAIS.

1844

PROJET DE RÉGULARISATION

ET D'ENDIGUEMENT

DE LA LOUE ET DU DOUBS

DANS LE DÉPARTEMENT DU JURA.

CHAPITRE II.[1]

Exposé du projet et des moyens d'exécution.

Le cours du Doubs au-dessus de Dôle est naturellement assez régulier, assez constant et assez bien encaissé pour qu'on ait pu canaliser ses parties les moins sinueuses, lors de l'exécution du canal du Rhône au Rhin ; mais au-dessous de Dôle, et depuis Crissey jusqu'à son embouchure dans la Saône, il est irrégulier et en quelque sorte torrentiel ; il corrode ses rives et change souvent de lit.

C'est là probablement une des causes qui ont déterminé à abandonner le bassin du Doubs, pour diriger le canal vers la Saône à Saint-Jean-de-Losne.

1. On a répété dans ce second chapitre quelques-unes des explications données dans le premier, sur les principes qui servent de base au système d'endiguement projeté, pour que l'on pût comprendre l'exposition détaillée du projet, que ce second chapitre renferme, sans avoir besoin de recourir à l'exposé des *considérations générales*, qui sont destinées seulement à expliquer et à motiver le nouveau mode d'exécution que l'on propose de suivre pour l'endiguement des deux rivières.

La Loue est, dans tout son cours, un véritable torrent; au-dessus de Cramans et jusqu'aux moulins Toussaint, elle a assez de pente et elle est assez encaissée pour conserver un lit constant, dont elle ne surpasse les rives en débordant que dans les grandes crues; mais en arrivant dans la large vallée qui porte le nom de Val-d'Amour, sa pente étant moindre et son lit peu profond, non-seulement elle déborde très-fréquemment, mais encore elle corrode sans cesse ses rives, elle change souvent de direction et cause de grands ravages.

Ces changements s'opèrent aux dépens des terrains riverains, d'autant plus facilement que la terre végétale y a peu d'épaisseur et que le sous-sol de toute la vallée est entièrement composé d'une masse fort épaisse de graviers et de cailloux roulés, produits de dépôts fort anciens et qui datent des grandes révolutions du globe, car ils proviennent tous de roches granitiques et alpines dont il ne se trouve aucun analogue dans la chaîne du Jura ni dans les Vosges.

Ce torrent s'approfondit peu, parce qu'il trouve une grande résistance dans le banc de cailloux durs sur lequel son lit est assis; il ne l'entame que dans les courbes de petit rayon qui existent en grand nombre dans ses sinuosités multipliées; alors l'action du courant dans les crues se portant tout entière sur la rive concave, la coupe à pic et la creuse avec rapidité.

Les cailloux entraînés par ces corrosions se déposent plus bas, dans les parties où le lit, moins brusquement contourné, a plus de largeur et moins de pente.

Ces dépôts de cailloux forment ce que l'on nomme dans le pays des *gravières*, dont les étendues, les hauteurs et les formes varient à chaque crue et déterminent de nouveaux changements dans le lit, ou plutôt dans les lits du torrent, qui se subdivise sans cesse en bras nombreux et irréguliers.

Il suffit de jeter un coup d'œil sur les plans de la vallée de la Loue, depuis Arc jusqu'à son embouchure dans le Doubs, pour reconnaître le désordre du courant de cette rivière.

On peut y voir les variations qu'a éprouvées son lit depuis quinze ou vingt ans, en comparant le lit tel qu'il existait à l'époque du cadastre de chaque commune, lequel est indiqué par une teinte brune, et le lit tel qu'il était l'automne dernier lorsque, nous l'avons relevé, et qui est indiqué par une teinte bleue.

La différence qui existe entre le cours du Doubs, au-dessus de Dôle, et le cours de la Loue, qui tous deux ont leurs sources dans les montagnes du Jura, est due à plusieurs causes; la première résulte de la différence de longueur et de pente des deux rivières; la distance des sources du Doubs à Dôle est d'environ 112,000 mètres; la distance des sources de la Loue (qui sont plus rapides que celle du Doubs), jusqu'à son embouchure dans le Doubs, au-dessous de Dôle, n'est que de 80,000 mètres. C'est par ces deux raisons que la pente de la Loue est plus forte, et que ses eaux arrivent plus promptement et avec plus d'impétuosité.

La seconde cause réside dans la plus grande régularité des pentes du Doubs au-dessus de Dôle et dans la différence de nature du sol, parce que le lit de terre végétale y étant beaucoup plus épais, la rivière a pu s'y creuser un lit plus profond et y est mieux encaissée.

Si l'on considère maintenant le cours du Doubs au-dessous de Dôle, on voit avec étonnement que bien que les conditions de terrain de pente soient à peu près les mêmes que dans la partie supérieure, le cours est plus irrégulier, plus inconstant et bien plus corrodant : cette partie de la rivière ressemble de plus en plus à la Loue par ses courbes brusques et de petit rayon, et par la subdivision de ses bras, à mesure qu'elle s'approche de l'embouchure de cette rivière ; et c'est au confluent que ces subdivisions sont les plus multipliées, les variations les plus fréquentes et le désordre le plus grand.

Nous sommes persuadés que les effets puissants que produisent les crues de la Loue, influent sur la partie du Doubs supérieure à son embouchure, par les volumes d'eau qu'elle jette subitement au confluent ; les eaux y arrivant presque toujours avant les crues du Doubs, arrêtent son cours, le font refluer, et l'obligent, par ces gonflements irréguliers, à s'ouvrir de nouveaux débouchés tantôt d'un côté, tantôt de l'autre.

Cette même influence torrentielle et violente continue à agiter et à rendre le cours du Doubs au-dessous du confluent (que nous nommerons *Doubs inférieur*), irrégulier, sinueux et corrodant comme celui de la Loue, avec ces différences seulement que la pente étant moins forte et que le sol ayant plus de consistance, les sinuosités sont plus grandes et les changements de direction moins fréquents.

Il y a aussi des gravières sur le Doubs inférieur; mais elles sont bien moins considérables que celles de la Loue, et sont, en grande partie, composées des cailloux et graviers qu'elle y entraîne dans ses grandes crues.

Cependant il s'en faut de beaucoup que la Loue conduise au Doubs la totalité des cailloux et graviers arrachés par ses corrosions ; en général elle ne fait qu'en brasser la plus grande partie, en les jetant d'une rive sur l'autre, et il n'y en a qu'une faible quantité d'entraînée dans les parties inférieures par la pente et l'action des crues. Ces transports sont donc lents et peu considérables, mais à la longue ils finissent par former aussi de véritables gravières, qui, par cette raison, sont moins fortes et moins nombreuses sur le Doubs inférieur que dans la vallée de la Loue, et sont composées de matériaux moins gros.

La pente totale de la Loue, depuis les moulins Toussaint, sous Arc-et-Senans, jusqu'au pont de Parcey, sur la route royale, n° 5, de Paris à Genève, est de $32^{m},68$ pour un développement de $27,438^{m}$, ce qui donne une pente moyenne de $1^{mill.}1910$ par mètre.

La pente totale du Doubs depuis le barrage de Crissey sous Dôle, jusqu'à l'embouchure actuelle de la Loue, est de $5^{m}80^{c}$ pour un développement de 12,700^{m} ce qui donne une pente moyenne de 0$^{mill.}$4574 par mètre.

La pente moyenne du Doubs au-dessous du confluent est de 0$^{mill.}$404 par mètre.

Les pentes de ces deux rivières ne sont nullement régulières : en général elles sont, comme presque partout, plus fortes à l'amont qu'à l'aval; mais les différences partielles qui résultent des irrégularités du courant sont souvent d'un tiers et même de la moitié de la pente moyenne.

La Loue étant la rivière qui cause le plus de dommages et celle qui est la plus difficile à régulariser et à endiguer, nous commencerons par elle l'exposé de notre projet.

PREMIÈRE DIVISION.

Régularisation et endiguement du cours de la Loue, depuis les moulins Toussaint jusqu'à son embouchure dans le Doubs.

La Loue, que les anciens nommaient *la Louve*, par allusion à son action dévorante, serpente irrégulièrement depuis les moulins Toussaint, jusqu'à son embouchure, sur une longueur de 32,508^{m}, en occupant une surface de terrain d'environ 750 hectares qu'elle rend improductifs.

En outre, dans ses débordements, elle couvre des étendues de terrains en culture d'environ 3,000 hectares, et cause par là de grands dommages aux ensemencements et aux récoltes.

Les sinus brusques et profonds que produisent les irrégularités de son cours, tendent sans cesse à s'augmenter, parce que plus un sinus se creuse et s'approfondit, plus il est exposé à la corrosion, et plus la réaction qui en résulte devient grande, par la diminution d'ouverture des angles d'incidence qu'elle produit sur les rives opposées; en sorte que l'effet du mal devient à son tour cause d'un mal plus grand. Aussi les habitants disent-ils que les désastres causés par ce torrent s'accroissent progressivement avec une grande rapidité.

Des habitations qui étaient situées jadis au milieu de terrains en culture, ont été attaquées et détruites, notamment à Ounans, où la rivière occupe l'emplacement d'une ancienne habitation que l'on nommait la Grange-des-Oiseaux; à Augerans, où l'ancien moulin de Grappe a été emporté; à Belmont où, récemment, deux maisons ont été renversées; et à Port-Aubert, plusieurs maisons et une église ont été détruites par les eaux, et celles qui restent de ce village sont fortement menacées.

Ce sont les justes craintes des habitants de cette vallée et leurs plaintes trop fondées, qui ont déterminé le conseil-général du département à demander que l'on s'occupât de remédier à ces désastres et d'en arrêter les progrès, et à voter une somme de 100,000 francs pour subvenir aux dépenses du projet et des travaux les plus urgents à exécuter.

L'on flotte sur la Loue un grand nombre de trains de bois de chêne et de sapin de grande dimension, produits par les belles et vastes forêts du Jura dont une grande partie appartient à l'état. Le commerce des bois, qui a beaucoup d'importance dans ce pays, a souvent réclamé à raison des difficultés et des dangers qui résultent des irrégularités de la Loue, pour le flottage des trains; ces difficultés et ces dangers sont tels, que l'on ne peut jamais être assuré des époques du flottage. Il est arrêté tantôt par l'insuffisance du tirant d'eau, tantôt par les crues, et il est toujours difficile et dangereux dans les contours brusques et de petit rayon, qui causent chaque année la perte de plusieurs radeaux et la mort de quelques-uns des mariniers qui les conduisent. L'année dernière cinq hommes ont été victimes de ces accidents.

Une autre cause de difficultés et de dangers résulte des barrages établis en trois endroits sur la Loue, à Ounans, sous Nevy et au-dessus de Parcey. Ces barrages sont établis par les meuniers pour assurer les prises d'eau et les chutes des trois moulins de ces communes; le premier est permanent, les deux autres ne s'établissent que provisoirement pendant les basses eaux et sont emportés chaque année par les crues. Ces barrages, construits irrégulièrement en pieux et fascines (d'après des autorisations anciennement et imprudemment données par les seigneurs et qui font titre), ont des pertuis fixes assez étroits, où il se forme de véritables cataractes que les radeaux sont obligés de franchir à leurs risques et périls. En outre, ces barrages, en faisant refluer les eaux dans un lit déjà trop élevé et sans encaissement régulier, contribuent encore à augmenter les inondations et les changements de courants.

C'est donc avec raison que le commerce des bois se plaint de l'état actuel de la Loue; et il est certain que si l'on pouvait remédier aux inconvénients que l'on vient de signaler et rendre le flottage facile et assuré, il en résulterait une augmentation de valeur pour les forêts qui fournissent les bois des trains, une diminution notable dans les frais du flottage, et par conséquent une réduction dans les prix de fourniture des bois de marine.

Sous ces deux rapports le gouvernement a intérêt à l'exécution des travaux d'amélioration du régime de la Loue; aussi l'a-t-il reconnu, et c'est par cette raison que l'administration des travaux publics admettant la nécessité d'établir un projet régulier, s'est chargée de concourir avec le département pour moitié dans les dépenses des frais d'étude et de rédaction de ce projet : on doit espérer par le même motif, qu'elle consentira volontiers à contribuer également aux dépenses qu'exigera son exécution après qu'elle l'aura examiné et approuvé.

Pour l'amélioration du régime de la Loue, et pour arrêter ses ravages, une première étude a été faite par M. Regnard-Roux, ingénieur de l'arrondissement de Dôle, et par M. Delarue, ingénieur en chef du département. Ces ingénieurs, attribuant les dommages causés par ce torrent à sa forte pente, ont proposé d'établir dans son lit 28 barrages fixes en charpente et moellons, et formés en chevrons; ils sont décrits dans un avant-projet en date du 27 juillet 1839, et évalués 600,000 francs. Les chutes rachetées par ces barrages varient depuis 4 jusqu'à 62 centimètres.

Cet avant-projet ayant été soumis au conseil général des ponts et chaussées, M. le sous-secrétaire d'état des travaux publics l'a renvoyé le 9 mai 1840 à M. le préfet du Jura en lui faisant connaître sa décision basée sur l'avis du conseil général, dans les termes suivants :

« Au moyen des 26 barrages on n'arriverait point à procurer à la « Loue le régime stable qui préviendrait toute corrosion des berges; ce « système de travaux n'aurait d'efficacité qu'en se combinant avec la ré- « gularisation du lit de la Loue, c'est-à-dire en donnant à cette rivière « une direction curviligne et en fermant par des ouvrages en fascinage « et submersibles dans les eaux moyennes, tous les faux-bras de cette « rivière, etc.

« Pour juger du mérite du tracé, de la régularisation proposée, de la « forme du lit conservé pour l'état moyen et celui des crues, ainsi que de « la position, de la hauteur et de la largeur des barrages, il sera joint « un plan général à l'échelle de 1 à 2500. »

La suite de la lettre indique les données des nivellements et jaugeages à fournir à l'appui du projet, et elle se termine comme il suit :

« Avant de prendre aucune décision sur la question du concours de « l'état dans la dépense à faire, il y a lieu d'inviter en outre MM. les « ingénieurs,

« 1° A réunir dans un rapport spécial tous les éléments nécessaires, « pour qu'on puisse comparer et mettre en balance ladite dépense avec « les avantages que doit en retirer la localité;

« 2° A faire particulièrement ressortir, dans le même rapport, le degré « d'intérêt que l'exécution des travaux projetés peut avoir pour l'état, à « raison des forêts qu'il possède dans le bassin de la Loue.

« *Signé* LEGRAND,

« *Sous-secrétaire d'état des travaux publics.* »

Les pièces formant l'avant-projet soumis au conseil général des ponts et chaussées, en 1839, n'étaient pas suffisantes pour faire juger en parfaite connaissance de cause l'importance de cette grande opération, les conditions et les difficultés de son exécution.

Dans notre opinion les ravages si considérables de la Loue résultent surtout de ce que son lit est très-sinueux, trop peu profond et trop peu encaissé. Cette opinion s'accorde avec la décision qui prescrit l'étude de la régularisation et de l'endiguement de ce torrent. Mais loin de vouloir relever son lit comme le feraient les 28 barrages fixes proposés par MM. les ingénieurs du Jura, nous pensons qu'il convient d'abaisser ce lit, d'abord pour qu'il puisse contenir plus facilement la totalité des eaux qui, dans les crues, se répandent dans les champs, et ensuite pour que les hautes eaux des crues s'élèvent le moins possible au-dessus des terrains riverains, et pour réduire par là la hauteur des digues et les dépenses de l'endiguement.

Dans l'état actuel de la Loue, la pente moyenne des eaux d'étiage entre les moulins Toussaint et le barrage d'Ounans qui a $1^{m}10$ de chute aux basses eaux), est de $0^{mill.}85$ par mètre; du barrage d'Ounans au pont de Parcey, elle est de $1^{mill.}5765$ par mètre, et du pont de Parcey au confluent du Doubs, elle est de $0^{mill.}7577$, sur une longueur de 5,160 mètres.

La rapidité des pentes au-dessus du pont de Parcey n'est pas un inconvénient, parce qu'il n'y a pas et ne peut y avoir sur cette rivière de navigation ascendante, et qu'il ne s'agit ici que de flottage. Les trains de bois ne craignent nullement les pentes de un à deux millimètres par mètre; au contraire, ils préfèrent les pentes fortes, quand le lit ne présente que des courbes de grand rayon.

RECTIFICATIONS DU LIT.

La lettre précitée de M. le sous-secrétaire d'état des travaux publics porte que, « l'on pourra se borner à fermer les faux bras de la rivière, avec des clayonnages submersibles pour les eaux moyennes. » Mais cette indication est basée sur la supposition que l'on pourrait conserver la majeure partie du lit actuel, et se borner à couper les faux bras. Cette opinion n'a pu se former que sur le défaut de connaissances suffisantes du cours de cette rivière, et est sans doute résultée de ce que le conseil n'avait pas sous les yeux tous les documents nécessaires pour juger en parfaite connaissance de cause, et de ce qu'il ne savait pas que cette rivière manquait de profondeur et changeait continuellement de lit. Les plans et profils que nous présentons nous paraissent suffire pour prouver que les sinuosités et les angles d'incidence trop multipliés et trop brusques qui existent presque partout dans le lit actuel, sont les causes les plus actives des corrosions et des changements de directions, et que pour avoir un tracé convenable et des garanties suffisantes contre les corrosions des rives, il faut, comme nous l'avons fait, se borner à suivre les directions générales et ne conserver du lit actuel que les parties où le courant a une régularité et une fixité suffisantes.

Nous sommes convaincus qu'avec un torrent si impétueux on ne peut assurer sa fixation dans des limites déterminées, et éviter la corrosion des digues qui doivent l'y maintenir, qu'au moyen de courbes de grand rayon. Il est évident que plus les courbes sont douces, moins on a à craindre l'action du courant, et moins il y aura de dépenses à faire tant pour l'établissement des digues que pour leur entretien; avec des courbes de petit rayon, on ne pourrait assurer la conservation des digues qu'au moyen d'enrochements qu'il faudrait souvent recharger et qui coûteraient fort cher, attendu qu'il n'existe pas une seule roche sur les flancs de cette vallée, dans toute l'étendue de la rivière qu'il s'agit de régulariser et d'endiguer. En outre, avec des courbes de petit rayon, le flottage des grands bois serait toujours difficile et dangereux.

Au contraire, avec les courbes de grands rayons que nous avons adoptées, et en donnant à ce lit une largeur suffisante et des pentes en travers fort douces, il ne faudra point d'enrochements; des vannages en palplanches, placés de distance en distance, suffiront pour fixer les graviers du fond du lit et pour le garantir, ainsi que les digues, contre les corrosions.

Les rectifications du lit que nous proposons sont indiquées sur les plans joints à ce mémoire par des lignes rouges et une teinte carmin: cette teinte indique le nouveau lit compris entre les arêtes intérieures, du couronnement des digues; les lignes rouges parallèles et extérieures indiquent les limites des terrains à occuper par les digues, les chemins latéraux et les cuvettes d'égout.

On voit par les plans que le tracé se compose de courbes de grand rayon, séparées par des alignements déterminés par les localités, et nécessaires pour passer de la concavité à la convexité. Ce tracé est établi de manière à s'accorder autant que possible avec les directions générales du lit actuel, en conservant les parties de ce lit où le courant est le plus constant et le moins irrégulier, et en supprimant tous les retours brusques et toutes les sinuosités qui, comme nous l'avons expliqué dans le premier chapitre, sont les causes principales de l'érosion des rives et des réactions d'une rive sur l'autre, et qui tendent constamment à accroître de plus en plus les irrégularités du courant.

Nous n'avons établi que trois alignements de quelque étendue, savoir: deux dans les parties où doivent être placés des barrages éclusés pour rendre le passage des écluses plus facile et y prévenir plus sûrement les affouillements, et le troisième aux abords du pont de Parcey, pour mieux préserver les abords de ce pont contre l'action des eaux, et pour faciliter le trajet des radeaux, dans ce passage moins large et plus rapide que les autres parties du lit, parce que la distance entre les culées du pont n'est que de $103^{m}20$.

Les tracés ont été établis de manière que l'établissement des barrages et des écluses à construire, et les parties du nouveau lit qui les renfermeront, puissent s'exécuter à sec et librement hors du lit actuel, pour rendre ces constructions plus faciles et moins dispendieuses.

RÈGLEMENT DES PENTES AU-DESSUS DU PONT DE PARCEY.

Les pentes partielles du courant de la Loue aux basses et hautes eaux, sont représentées dans un profil général d'ensemble, N° 1, joint au projet; on y verra combien les pentes sont irrégulières. Les niveaux des hautes eaux sont celles de la crue de 1841, qui est la plus forte des temps modernes.

La différence de hauteur entre l'étiage de la Loue au-dessous des moulins Toussaint et l'étiage au pont de Parcey, est de 32^{m},68. Le développement du lit actuel entre les deux mêmes points est de 27,438 m., ce qui donne, en n'ayant pas égard au barrage d'Ounans, une moyenne de 1$^{mill.}$191.

Le barrage d'Ounans, qui produit une chute d'un mètre 10 cent., modifie les pentes de manière que la pente moyenne des eaux d'étiage, entre le dessous des moulins Toussaint et le barrage d'Ounans, n'est que de 0$^{mill.}$85 sur 10,225 mètres de développement, et qu'elle est de 1$^{mill.}$349 entre ce barrage et le pont de Parcey, sur une longueur de 16,238 mètres.

Le nouveau cours projeté n'a entre les moulins Toussaint et le pont de Parcey que 21,483 mètres de longueur; il est par conséquent plus court que le lit actuel de 4,980 mètres, d'où il suit que, si l'on établissait dans le nouveau lit une pente uniforme, en conservant les hauteurs actuelles de l'étiage aux deux extrémités, on aurait une pente moyenne de 1$^{mill.}$5118.

La pente d'étiage de la Loue, entre le pont de Parcey et le confluent projeté, n'est que de 0$^{mill.}$7577 sur une longueur de 5,160 mètres; on voit par là que la pente au-dessous du pont est de près de moitié plus faible que la pente au-dessus.

Si l'on voulait établir une pente uniforme sur toute la longueur de la Loue, depuis les moulins Toussaint jusqu'au confluent, il faudrait relever le lit d'un mètre sous le pont de Parcey, ce qui aurait de graves inconvénients, car alors le fond du lit serait, au pont, presqu'au niveau des terrains riverains, et il faudrait établir des digues de 5 à 6 mètres d'élévation, ce qui serait très-dispendieux et très-dangereux; d'ailleurs l'uniformité de pente n'est nullement nécessaire.

La rivière est bien établie et convenablement encaissée sous le pont, son lit y est fixé invariablement par des enrochements fortifiés encore par les débris de l'ancien pont: il est maintenu en amont par des restes d'anciennes digues adhérentes aux culées, et par une digue neuve en perré, construite l'année dernière sur la rive gauche; d'un autre côté, on ne pourrait approfondir le lit en cet endroit sans d'énormes dépenses et sans danger pour le pont, et d'ailleurs il n'y a aucun motif pour le creuser, puisque déjà il est au-dessous de la ligne de pente générale. Si au contraire on relevait ce lit sous le pont, on exposerait la route royale dont il fait partie, et le village de Parcey à des submersions; et pour les garantir il faudrait, comme je l'ai expliqué tout à l'heure, établir des digues très-élevées et très-dispendieuses. Par ces divers motifs, il convient de conserver le lit et la hauteur des eaux d'étiage tels qu'ils existent au pont de Parcey, comme point fixe et invariable.

Si l'on établissait une pente uniforme entre ce point et les moulins Toussaint, en suivant le nouveau lit projeté, cette pente serait, comme nous l'avons déjà dit plus haut, de $1^{\text{mill.}}521$, c'est-à dire de $0^{\text{mill.}}17$, plus forte que la pente moyenne du lit actuel entre Ounans et Parcey.

Sa rapidité ne serait pas une difficulté pour le flottage, mais avec cette pente on aurait moins de tirant d'eau à l'étiage qu'avec une pente moindre, et, en outre, si on faisait une pente unique sans retenue, il faudrait supprimer les trois moulins d'Ounans, de Nevy et de Parcey, qui ont une grande valeur.

En conséquence, pour réduire la pente et pour assurer les prises d'eau des moulins, nous abaissons le lit d'un demi-mètre à l'amont, et nous établissons deux barrages de 1^{m}00 de chute, l'un à Ounans, dans l'emplacement indiqué par les lettres A B sur le plan du projet, pour remplacer le barrage actuel qui a 1^{m}10 de chute, et l'autre vis-à-vis Augerans, suivant la ligne C D, qui est située un peu au-dessus de la prise d'eau actuelle du moulin de Nevy, indiqué par la lettre E, et qui sera remontée au point E'. Ce barrage servira également à la prise d'eau du moulin de Parcey, comme nous l'expliquerons plus loin.

Ce second barrage remplacera les barrages en pieux et fascines que les meuniers de Nevy et de Parcey établissent dans la Loue pour assurer leurs prises d'eau, lesquels sont très-incommodes pour le flottage, contribuent beaucoup à augmenter les inondations par le relèvement du lit, déterminent par là des changements dans le cours du torrent, et, quand ils sont emportés par les crues, donnent lieu à des irruptions violentes, de grandes masses d'eau qui causent beaucoup de dommages.

Nous avons déjà fait connaître que la cause principale des débordements de la Loue et des changements continuels de son cours, consiste en ce que son lit manque de profondeur, et en ce qu'il n'est pas assez encaissé. C'est pour remédier à ce grave inconvénient, pour diminuer le plus possible la hauteur et la dépense des digues et les dangers de leur rupture, pour prévenir plus sûrement le danger des irruptions et des inondations, et pour compenser en partie l'augmentation de pente qui résulte de la réduction de longueur du lit suivant le tracé projeté, que nous proposons, en conservant le lit actuel du pont de Parcey pour point de départ invariable, de creuser progressivement le lit de la Loue au-dessus du pont, de manière à l'abaisser moyennement d'un mètre dans sa partie supérieure, jusqu'à 5,400 mètres de distance des moulins

Toussaint; au-dessous de ces moulins, le lit étant mieux encaissé et moins variable, il suffit de l'y abaisser d'un demi-mètre. En suivant ces données, le nouveau lit sera réglé comme il suit, conformément aux lignes tracées en rouge sur le nivellement en long.

A partir de 600 mètres à l'aval des moulins Toussaint, sur une longueur de 4,400 mètres, la pente du lit et celle de la surface des eaux d'étiage seront de $1^{\text{mill.}}3743$ par mètre.

Le surplus du nouveau lit jusqu'au barrage A B sous Ounans, aura à l'étiage une pente de $1^{\text{mill.}}2855$ par mètre, sur 2,072 mètres de longueur. Au moyen de ce règlement, le lit sera mieux encaissé et la hauteur des digues sera diminuée d'un mètre.

BARRAGES ET USINES.

Le barrage d'Ounans aura à l'étiage une chute de $1^{\text{m}}20$, supérieure de 10 centimètres à la chute actuelle. Ce moulin aura donc une chute un peu plus forte que celle qu'il possède; mais comme d'après le règlement du nouveau lit, la crête des barrages se trouve abaissée d'un mètre, il faudra, pour racheter cette différence, remonter la prise d'eau à 2,400 mètres au-dessus du barrage, en profitant des bras du lit actuel qui seront abandonnés suivant le tracé indiqué sur le plan par une teinte de carmin et par les lettres F G H I, jusqu'au point K, où sera située son embouchure dans la Loue; la pente de ce canal, qui sera d'un millimètre et demi par mètre, sera à peu près égale à celle du canal de décharge actuel. Le moulin conservera ainsi ses avantages et la puissance dont il jouit maintenant, et il aura une prise d'eau mieux assurée sans aucuns frais.

Le moulin d'Ounans restant dans sa situation actuelle, et le lit de la Loue étant abaissé d'un mètre à l'aval, on aura au-dessous de ce moulin, sur son canal de décharge, une chute d'un mètre dont on pourra disposer.

Les dépenses à faire pour l'ouverture du nouveau canal de prise d'eau et pour le creusement et le prolongement du canal de décharge sont comprises dans les dépenses générales du projet.

Du barrage A B, d'Ounans, au barrage C D, la pente sera de 1 mill. 43 par mètre à l'étiage.

Le niveau d'étiage sur ce barrage C D se trouvant inférieur à la prise d'eau actuelle du moulin de Nevy, il faudra remonter son canal de prise d'eau; il suffirait de l'établir à 800 mètres au-dessus du barrage, mais il est préférable de remonter cette prise d'eau à 1,660 mètres pour profiter des bras existants et éviter de couper des terrains en culture; la dépense ne sera guère plus grande, parce que l'on évitera les indemnités de terrain; et en donnant à ce canal une pente d'un demi-millimètre, qui est plus que suffisante, on aura au point de jonction du nouveau canal avec le canal actuel, une chute de plus d'un mètre qui permettra d'y établir une usine, et cela en conservant au moulin de Nevy tous ses avantages, qu'il pourra augmenter facilement en creusant son canal de décharge qui aura une pente plus forte que sa pente actuelle, à raison de l'abaissement du lit de la Loue.

Pour que le barrage serve en même temps à la prise d'eau et à l'alimentation du moulin de Parcey, il suffira de prolonger son canal de prise d'eau existant en amont, depuis sa tête actuelle R jusqu'au-dessus du barrage, en utilisant les bras latéraux qui existent sur la rive droite du nouveau lit, suivant la direction O P Q R. La différence de l'eau d'étiage au-dessus du barrage, et la tête de prise d'eau actuelle R, étant de 1m,35, et la distance entre ces deux points par les anciens bras, de 2,700m, la pente du nouveau canal sera de 0m,0005 (qui ne diffère que de 0m,00019 de la pente du canal existant à l'aval), avec une chute disponible de 1m,70 au point K.

Le moulin de Parcey n'éprouvera donc aucun changement, et il ne pourra que gagner en chute par la possibilité qu'il aura de creuser son canal de décharge, en raison de l'abaissement de son embouchure dans la Loue dont la hauteur d'étiage sera abaissée de $0^{m},60$ en ce point.

La pente d'étiage du nouveau lit entre le barrage C D et le pont de Parcey (où, comme on l'a dit, le lit et le niveau des eaux sont conservés dans leur état actuel), sera de $1^{mill.}$ 3335 sur $3,607^{m}$ de longueur.

On voit, par cet exposé, que les pentes du nouveau lit seront successivement décroissantes, comme il convient pour une rivière bien réglée, et que, malgré la diminution de développement résultant du tracé du nouveau lit, la moyenne des pentes nouvelles qui est de $1^{mill.}$ 3558, n'excèdera que de 13 centièmes de millimètre la pente moyenne du lit actuel; d'où il résulte que le régime général de la rivière n'éprouvera pas de changement sensible.

PENTES ENTRE LE PONT DE PARCEY ET LE CONFLUENT.

Pour la partie de la Loue, située au-dessous du pont de Parcey, la différence de hauteur de l'étiage de ce pont et de l'étiage au confluent projeté de la Loue et du Doubs (qui est également un point de hauteur invariable), est de $4^{m}28^{c}$, et la longueur du nouveau lit entre les mêmes points est de $4,407^{m}$; d'où il résulte que si l'on établissait une pente uniforme entre ces deux points, elle serait de $0^{mill.}98252$. La pente au-dessous du confluent n'est que de $0^{mill.}464$ par mètre, en suivant le lit actuel; elle sera, après sa rectification, de $0^{mill.}50$ à $0^{mill.}60$.

Nous pensons qu'il vaut mieux briser la pente entre le pont de Parcey et le confluent, d'abord pour éviter de passer brusquement d'une pente forte à une pente faible, puis ensuite pour réduire le plus possible la hauteur des digues, pour continuer la progression décroissante que nous avons adoptée en principe, et enfin, parce qu'en faisant la pente plus forte à la sortie du pont, vers le confluent, on assurera mieux le dégorgement des eaux à l'aval du pont, qui présente moins de largeur et de débouché que les lits supérieur et inférieur, et où les deux piles présentent toujours une contraction.

En conséquence, nous donnons aux eaux une pente de $1^{mill.}$ 3335 sur 2,000 mètres de longueur à l'aval du pont jusqu'au point S; la pente suivante depuis ledit point S jusqu'au confluent sera de $0^{mill.}$ 79763 sur $2,407^{m}$ de longueur.

La profondeur de l'eau du Doubs au confluent étant de 2^{m} 60 à l'étiage, et cette profondeur au pont de Parcey n'étant que de 1^{m} 20, il en résulte qu'il faut augmenter progressivement la profondeur du lit du pont au confluent; en conséquence, nous portons à $1^{m}89$ la profondeur d'eau d'étiage au point S, et il en résulte que la pente du lit sera de $1^{mill.}$ 675 du pont de Parcey au point S, et de $0^{mill.}$ 968 du point S au confluent. Cet approfondissement progressif du lit est utile, non-seulement pour la transition de la profondeur de $1^{m}20$ à celle de $2^{m}60$, mais encore pour l'augmentation de la section du débouché nécessité par la diminution de pente et par l'action de remous produite par la rencontre de deux courants différents.

On voit par le plan que, pour diminuer le plus possible ce regord, nous avons eu soin de faire arriver les deux courants par de grandes courbes tangentielles, avec inclinaisons égales sur l'axe du confluent; il résulte de ce tracé que, par la réunion des deux lits, le confluent présente nécessairement une grande largeur, qui est avantageuse pour diminuer l'action des remous qui ont lieu quand, comme cela arrive presque toujours, les crues des deux rivières ne concordant pas, l'une des deux est refoulée par l'autre.

FORME DU NOUVEAU LIT DE LA LOUE.

La forme et la largeur à donner au nouveau lit dépendaient du système d'endiguement à adopter; après avoir étudié avec soin le régime de cette rivière et la nature de son lit, nous avons reconnu qu'à raison de l'extrême mobilité des cailloux roulés qui en composent le fond, il serait difficile d'y asseoir des digues en maçonnerie ou en perrés, parce qu'il faudrait, pour assurer leur conservation, établir leurs fondations très-bas et les protéger par de forts enrochements; en outre, les pierres sont très-rares et très-chères dans cette vallée, parce qu'on ne peut en trouver que près de Dôle, du côté d'aval, et au-dessus de Mouchard, dans la partie supérieure; en sorte que les dépenses qu'exigeraient ces digues seraient tellement considérables, que l'on ne pourrait espérer d'obtenir les fonds énormes qu'elles absorberaient. Il fallait donc nécessairement, pour que ce travail pût s'exécuter, adopter un système d'endiguement économique et approprié à la nature spéciale de cette vallée.

Les digues en pieux, clayonnages et fascines, coûteraient moins que les digues en pierres, mais elles seraient encore trop dispendieuses; en outre, ces sortes d'ouvrages ne sont bons que pour maintenir des rives constamment baignées par les eaux, et ne conviennent nullement pour endiguer un torrent dont les eaux n'atteignent les digues que pendant les grandes eaux, qui ont peu de durée; en sorte que, alternativement baignées et desséchées dans les longs intervalles des crues, elles pourriraient promptement, et il faudrait les renouveler tous les dix ou douze ans, ce qui serait ruineux.

Les clayonnages en bois vivants ne peuvent pas convenir non plus, parce qu'ils ne pourraient pas végéter dans ces bancs de cailloux nus et arides, et qu'en outre ils ont l'inconvénient de croître inégalement, et que leurs branchages font toujours obstacle à l'écoulement des eaux.

Obligé donc de renoncer à ces genres de construction, et surtout d'éviter les grandes dépenses, nous avons adopté le système d'un lit de grande largeur, d'après les observations et les motifs expliqués dans le chapitre premier, en donnant au lit, entre son axe et ses digues, des pentes qui sont à la fois le moyen le plus sûr et le moins dispendieux, pour prévenir les corrosions et obtenir un lit stable. Ce lit occupera une superficie de terrain plus grande que celle des lits encaissés par des digues en maçonnerie; mais, ici, cette largeur n'a aucun inconvénient, puisque le nouveau lit, auquel nous donnons 150 mètres de largeur entre les arêtes intérieures des couronnements des digues, n'occupe que 387 hectares, tandis que les eaux moyennes du lit actuel, sinueux et divisé en une multitude de bras, occupe 760 hectares. Après l'exécution il restera encore hors de ce nouveau lit une superficie de 376 hectares en terrains, maintenant stériles et improductifs, qui seront conquis, et qui, étant garantis contre toute action du torrent, seront rendus à la culture et mis en valeur d'autant plus facilement qu'on pourra y former des dépôts de sables et de limons, en y introduisant les eaux troubles lors des crues.

La section du nouveau lit est représentée dans le profil général en travers, représenté dans le dessin n° 2 des dossiers du projet et dans la fig. 1re de la planche n° 2, jointe à ce mémoire : nous proposons de renfermer ce lit entre des digues régulières et continues, qui seront composées d'un massif de gravier, recouvert, du côté du lit, en terre végétale, dont la couche est représentée par une teinte plus foncée; ces digues auront un couronnement de deux mètres et un talus intérieur en pente, qui se raccordera par une courbe concave avec le lit; ce talus sera gazonné et son sommet garni d'une haie pour consolider son arête.

A partir du pied de ces digues jusqu'à une cuvette centrale (dont nous expliquerons tout à l'heure les dispositions et l'utilité), le lit ouvert dans le banc de cailloux et gravier qui forme le fond de la vallée, aura une pente transversale de 0m0259 par mètre. Nous avons adopté cette pente, après avoir reconnu et constaté dans les parties du lit actuel qui ont le plus de régularité et de stabilité, que les rives en cailloux et gravier bordant le lit permanent d'étiage et couvertes seulement par les grandes eaux, ne sont ni déformées ni déplacées par les crues, même dans les parties où la pente longitudinale est le plus forte, lorsque la pente transversale ou perpendiculaire à l'axe n'excède pas trois centimètres par mètre; c'est pourquoi nous avons fixé la pente transversale des deux côtés du nouveau lit, de chaque côté de la cuvette d'étiage, à $0^{m}0259$.

Pour éviter que le courant des eaux ne forme dans ce large lit des sinuosités qui détruiraient la régularité de la section et tendraient à corroder le pied des digues, et pour que le flottage soit facile et assuré, même en basses eaux, nous établissons au milieu un lit d'étiage concave en forme de cuvette, de 25 mètres de largeur, et d'un mètre vingt centimètres de profondeur au milieu. Nous avons constaté par expérience que dans des parties du lit actuel suffisamment régulières, où les eaux sont réunies dans un seul bras et où la pente est de 13 à $14^{mill.}$, la section d'eau à l'étiage est de 25 mètres de largeur, avec $1^{m}20^{c}$ de profondeur au milieu, comme dans notre cuvette, et que le flottage s'y fait facilement.

Nous donnons de la fixité à cette cuvette en établissant sur chacun de ses bords des vannages continus en palplanches, indiqués par les lettres AA, dans le profil général, fig. 1re, pl. 2, et dans une partie du plan du lit, fig. 3, lesquels sont parallèles à l'axe du lit à $12^{m}50^{c}$ de chaque côté de cet axe. Ces vannages seront enfoncés dans le gravier de manière à ce que leur couronnement affleure la surface du lit de la cuvette; ils seront par conséquent constamment submergés et par ce motif se conserveront très-bien, et assureront le maintien des bords réguliers de la cuvette. Par cette disposition, la plus grande profondeur du lit et la plus forte action du courant étant dans les eaux basses, comme dans les eaux moyennes, et dans les grandes eaux, toujours dans l'axe du lit, le courant sera centralisé, c'est-à-dire fort au milieu et faible sur les bords où il y aura peu de hauteur d'eau.

Pour que cette cuvette conserve sa section et une forme régulière, malgré les différences qui pourront exister dans la nature du fond du lit et quelques irrégularités locales de vitesse (qui seront nécessairement très-faibles dans un lit régulier, avec section uniforme), nous établissons de distance en distance et perpendiculairement à l'axe du lit, des vannages en palplanches D D, fig. 1re et fig. 3 entre les deux rangs de vannages latéraux A A. Ces vannages en travers, diviseront la cuvette en compartiments ou cases rectangulaires, dans lesquels les cailloux et graviers qui les rempliront, se trouveront encaissés et fixés; ces vannages en travers s'opposeront efficacement aux creusements du lit, ou du moins s'il s'en opère quelques-uns, ils seront faibles et ne pourront altérer sensiblement la régularité du courant. Ces vannages étant destinés à maintenir la régularité de la section du lit et à la fixer, nous les nommons *profils fixateurs*.

Nous nous proposons d'établir ces profils en palplanches de 150 à 200 mètres de distance dans les lignes droites, à 100 mètres dans les courbes de 12 à 1,500 mètres de rayon, et de 50 à 60 mètres dans les courbes de rayons moindres.

Ces palplanches auront un mètre de longueur sur les bords de la cuvette et $1^{m}50^{c}$ au milieu; nous avons constaté par expérience qu'en brûlant leur pied elles pénètrent dans le gravier sans se refouler.

De simples dosses en sapin sont suffisantes pour former ces vannages, et nous nous sommes assuré par un essai que l'on peut facilement battre une de ces palplanches en cinq minutes. En conséquence ces vannages seront peu dispendieux, on pourra les exécuter à raison de 3 fr. 50 cent., prix moyen du mètre courant.

Pour prévenir les affouillements des parties latérales du lit dans les courbes, et pour y assurer la conservation des digues, on établira de distance en distance du côté concave, des rangs de palplanches E E, fig. 3, pl. 2, également perpendiculaires à la direction du lit, dans les parties en pente douce comprises entre les digues et la cuvette; mais l'action des eaux étant plus faible sur les côtés, à raison de la réduction de leur hauteur, il suffira de donner aux palplanches un mètre près du bord de la cuvette et 70 centimètres vers les digues.

Comme dans les courbes l'action du courant se porte toujours sur les rives concaves, et qu'elle tend à creuser ce côté du lit et à former des dépôts sur le côté convexe, parce que la vitesse y est moindre, pour compenser ces effets et empêcher à la fois les affouillements d'un côté et les dépôts de l'autre, dans les courbes on ne mettra pas la cuvette au milieu, on la rapprochera progressivement du côté convexe de la courbe, comme on le voit indiqué dans la fig. 3. Il en résultera que les pentes latérales seront plus douces du côté concave et plus fortes du côté convexe, et que l'on évitera ainsi à la fois les deux inconvénients signalés.

Si malgré ces précautions il se faisait des déplacements de cailloux dans les intervalles des deux rangs de palplanches, ce qui est peu probable, ils ne pourraient avoir lieu que dans les parties inférieures des plans inclinés près de la cuvette (parce que les parties supérieures n'éprouveront que peu d'action, l'eau y ayant peu de hauteur, et qu'elles seront bientôt gazonnées par suite du limon qui s'y déposera, et deviendront par là fixes et inattaquables) ; si donc il se faisait des affouillements dans les parties inférieures, on y battrait pendant les eaux basses des demi-vannages, comme ceux qui sont indiqués par les lettres HH, et qui seront aussi enfoncés à fleur du lit.

Ces palplanches, ne dépassant pas la surface du lit, seront garanties de l'action de l'air, et bien qu'elles ne soient submergées que temporairement pendant les crues, elles seront dans une humidité constante qui les conservera.

DIMENSIONS DU NOUVEAU LIT PROPOSÉ.

En examinant le nouveau lit de la Loue et ses gravières, on reconnaît facilement qu'il ne s'y trouve qu'une très-petite quantité de pierres calcaires, ce qui prouve que son courant supérieur, qui ne traverse que des terrains calcaires, ne charrie et n'apporte que très-peu de cailloux et de gravier, et que la majeure partie des masses de cailloux granitiques des gravières, provient, comme nous l'avons déjà fait observer dans le premier chapitre, de simples déplacements des parties du banc de même composition du fond de la vallée, enlevées par les corrosions des grandes eaux. Or, dans le nouveau lit régulier, bien encaissé et fixé par les vannages en palplanches, ces déplacements ne pourront plus avoir lieu; les cailloux et graviers entraînés par les grandes eaux seront donc peu volumineux; en outre, comme la pente du nouveau lit est un peu plus forte que celle du lit actuel, et comme il est constaté par expérience que dans les parties de ce lit, où il y a de la fixité et une cuvette naturelle de 25 mètres de largeur avec 1 mètre de profondeur d'eau, il ne se forme pas de dépôts, malgré la quantité de cailloux mobilisée à chaque crue, dans l'état actuel; on peut compter qu'il ne s'en formera pas non plus dans la nouvelle cuvette, qui aura une pente un peu plus forte, sera plus régulière, et où le courant sera mieux centralisé que dans le lit actuel.

L'intervalle entre les digues sera de 150 mètres, pour obtenir une section suffisante avec une hauteur de digues modérée.

Les digues seront faites avec une partie des déblais à extraire pour creuser le nouveau lit; leurs couronnements, qui auront 2 mètres de largeur, seront établis à 4^m50^c au-dessus du niveau d'étiage et à 5^m70^c au-dessus du fond de la cuvette, ce qui donnera moyennement 2^m50^c de hauteur de remblai au-dessus du terrain naturel des rives.

Il n'y a sur la Loue, entre les moulins Toussaint et son embouchure dans le Doubs, que le pont de Parcey où la totalité du volume des crues soit réunie, et maintenue dans une section régulière; c'était donc le seul point où il fût possible de nous rendre compte du volume et de la rapidité d'écoulement des grandes eaux, et ce point est d'autant plus favorable pour servir de base aux calculs, que tous les affluents de la vallée sont supérieurs au pont de Parcey.

Depuis notre séjour dans le Jura, il n'y a eu que des crues ordinaires et modérées; mais nous avons obtenu des habitants des renseignements certains sur les hauteurs auxquelles se sont élevées, en plusieurs points de la rivière, les plus grandes crues, notamment celle du 23 octobre 1841, postérieure à la chute du pont de Parcey, et qui, par conséquent, a passé dans l'ouverture que présente le pont suspendu qui a remplacé l'ancien pont en pierre. Cette crue est la plus forte qui ait eu lieu depuis un fort long temps, et elle concorde avec les crues extraordinaires des autres rivières du même bassin, telles que la Saône et le Rhône, qui à cette époque ont produit de grands désastres. On peut donc considérer l'élévation que la Loue a atteinte à cette époque comme une hauteur maxima; c'est sur cette hauteur que nous avons établi nos calculs, elle est indiquée sur le dessin, n° 4, qui représente la section du lit au pont de Parcey.

Les vitesses des eaux de cette crue n'ont pas été constatées; nous n'avons en conséquence pu parvenir à la connaissance de la vitesse d'écoulement de ses eaux qu'en la déduisant des relations entre la section connue de leur passage, et la pente qui nous était donnée par les hauteurs des grandes eaux constatées en plusieurs points du lit, et par l'analogie avec les pentes des crues moins considérables que nous avons observées l'automne dernier.

Cette pente au-dessous du pont de Parcey est par mètre de $1^{\text{mill.}}45$.

Le périmètre mouillé de la section immédiatement au-dessous du pont est de $110^{\text{m}}68$.

La surface de section du courant de $322^{\text{m. q.}}150$.

D'où il résulte que le rayon moyen est de $2^{\text{m}}9147$.

La pente étant comme nous l'avons dit ci-dessus de $1^{\text{mill.}}45$ par mètre, il s'ensuit que la valeur du coefficient désigné par R I dans la formule d'Eytelvein est de $0^{\text{mill.}}0042263$.

D'où il résulte que suivant la même formule, la vitesse moyenne était de $3^{m}45$ par seconde, et par minute de 207^{m}, et que le volume débité par minute a dû être de 66,757 mètr. cub.

Dans le nouveau lit établi comme nous l'avons indiqué ci-dessus, et comme il est représenté dans le dessin n° 2, qui en donne le profil, les hautes eaux étant supposées à $4^{m}10$ au-dessus de l'étiage, présentent une section de $376^{mq}72$.

Le périmètre mouillé dans ce cas étant de $148^{m}70$.

Le rayon moyen est de $2^{m}538$.

D'où il suit qu'avec la pente, qui est de $0^{m}0013335$ jusqu'à 4000^{m} au-dessus de l'embouchure, la valeur de R I est de 0.003384423.

Et que la vitesse moyenne étant de $3^{m}015$ par seconde et de $180^{m}90$ par minute, le volume débité par minute avec cette section des grandes eaux, serait de 68,148 mètres cubes, et par conséquent supérieure au volume des plus grandes crues connues.

Nous avons donné à notre profil une section et un débit d'eau plus forts que ceux du pont de Parcey, d'abord pour avoir une plus grande sécurité, et ensuite parce que les calculs sont établis pour des lits rectilignes, et que les courbes, en diminuant la vitesse, déterminent une diminution dans le débit des eaux.

Mais, comme il se peut qu'il en arrive encore par la suite de plus considérables, nous avons élevé les digues à $1^{m}36$ au-dessus de ce niveau, ce qui donne à la section totale entre les couronnements des digues une section totale de $532^{m.q.}80$ qui excède de 156 mètres carrés la section que les plus hautes eaux connues occuperont dans les conditions du projet.

Nous avons établi le profil général moyen pour la pente de $0^{m}0013335$, parce que c'est celle qui règne sur la plus grande longueur et notamment au-dessus et au-dessous du pont de Parcey, et que les autres sont plus fortes, excepté celle de $0^{m}0012855$, qui n'est inférieure à la première que de 48 millièmes de millimètre. Outre que cette différence est peu importante, cette pente se trouvant sur la partie de la rivière supérieure aux embouchures des deux principaux affluents de la vallée, la Cuisance et la Loue, le volume d'eau y sera moindre et par conséquent la hauteur proposée pour les digues dans le profil général, sera suffisante.

Le couronnement de nos digues étant établi à $1^{m}36$ au-dessus du niveau des plus hautes eaux, il restera encore une surface de section libre de 202 mètres carrés. Si, par des circonstances tout à fait extraordinaires, les eaux s'élevaient à un mètre au-dessus du niveau de nos hautes eaux, la section du courant serait alors de $524^{m.q.}$, et le couronnement des digues serait encore de $0^{m}35$ centimètres au-dessus de la surface des eaux, et même dans ce cas, les digues n'auraient à supporter qu'une charge de deux mètres de hauteur d'eau, pendant que le courant aurait cinq mètres de profondeur au milieu.

L'avantage spécial du mode d'établissement que nous proposons pour le nouveau lit consiste, outre la facilité d'exécution et son économie; 1° en ce que le courant étant toujours parfaitement centralisé, sa plus grande action sera toujours à la cuvette; que par cette action même le lit de la cuvette sera toujours déblayé et maintenu libre, et par conséquent propre au flottage (car il est bien constaté qu'il ne se forme jamais de dépôt dans les parties les plus constamment profondes du lit actuel); 2° en ce que cette centralisation de la plus grande force du courant l'empêchera de se porter vers les digues et de les attaquer; 3° que les parties supérieures des deux côtés du lit qui précèdent le pied des digues, seront, à raison de la douceur de leur pente, du gazonnement qui s'y formera, et du peu de hauteur d'eau qui les couvrira, même aux grandes crues, à l'abri des érosions; et 4° que par la réunion de ces diverses causes de garantie, les digues n'éprouveront qu'une action très-faible, et ne seront jamais exposées aux corrosions ni aux ruptures.

Nous avons indiqué en arrière des digues, des chemins projetés, parce que nous pensons qu'il serait dans l'intérêt des communes et du département, de profiter de cette occasion et de la facilité d'avoir des déblais par le creusement du nouveau lit, pour établir ces chemins, qui seraient utiles pour les exploitations des terres et pour les communications. — Jusqu'ici on n'avait pu établir aucun chemin stable dans le fond de la vallée, à cause des changements continuels de direction de la rivière et de ses débordements, mais du moment que ces empêchements n'existeront plus, l'établissement d'un chemin à voitures sur chaque rive, en pentes très-douces et très-régulières, sera à la fois facile, peu dispendieux et très-utile à raison de la grande largeur de la vallée, qui n'a que deux chemins situés sur ses bords extrêmes et qui ont beaucoup de pentes fortes.

Néanmoins, comme les nouveaux chemins proposés ne sont pas indispensables et ne sont nullement nécessaires pour l'endiguement, on ne les exécutera qu'autant que les communes intéressées le désireront et consentiront à en faire les frais. — Nous avons indiqué par une teinte d'ombre sur les profils des projets les retranchements à faire dans les remblais, si l'on n'exécute pas les chemins latéraux, et nous avons fait les mêmes retranchements dans les cubes des déblais au devis estimatif.

Nous établissons de chaque côté et en dehors des digues, des rigoles de 5 mètres de largeur, destinées à recevoir les eaux pluviales qui descendent des terrains de la vallée vers la rivière; ces rigoles, dont la pente sera moindre que celle de la rivière, conduiront ces eaux à des embouchures qui seront établies de distance en distance dans les digues au-dessus du niveau des eaux moyennes du nouveau cours, et ces ouvertures seront munies de clapets qui se fermeront d'eux-mêmes, lors des grandes eaux, pour les empêcher d'y passer pendant leur tenue, qui ne dure jamais plus de trois ou quatre jours.

Les déblais qu'exigera le creusement du lit se feront par les moyens ordinaires, pour la partie qui sera employée aux remblais nécessaires pour régulariser le lit, et à l'élévation des digues; le surplus du gravier à déblayer sera enlevé par l'action des eaux convenablement dirigée; cette rivière a une puissance suffisante pour opérer un déblaiement. Cette opération est tout à fait semblable à ce qui arrive quand le courant, arrêté par quelque obstacle, s'ouvre un nouveau lit à travers la vallée.

Pour que cette action des eaux opère régulièrement et conformément aux conditions du profil que l'on veut obtenir, on commencera dans toutes les parties où le nouveau lit devra être ouvert en déblai, par pratiquer des tranchées transversales à chaque emplacement des profils fixateurs en palplanches, et on les y battra immédiatement, de manière à ce que leur sommet concorde avec le profil du nouveau lit; ensuite on ouvrira entre les tranchées transversales, des tranchées longitudinales parallèles à l'axe du lit, et on formera les remblais des digues avec les déblais de ces diverses tranchées.

Le lit à ouvrir étant ainsi préparé, on y introduira progressivement les eaux, d'abord pendant les eaux basses et moyennes, et ensuite celles des crues modérées en barrant le cours actuel à l'amont par un masque mobile en charpente, représenté dans le dessin n° 5 du projet. La partie supérieure de ces barrages étant composée de vannes mobiles, lorsque les eaux seront trop fortes pour être convenablement dirigées, on enlèvera les vannes et on laissera passer la majeure partie des eaux par-dessus la partie inférieure du barrage dans l'ancien lit; et on remettra les vannes quand les eaux s'abaisseront. Ces eaux entrant avec force dans les tranchées longitudinales, et aidées dans leur action par des ouvriers munis de griffes en fer, entraîneront facilement les massifs de gravier qui resteront isolés entre les tranchées; mais elles ne pourront creuser plus bas que les têtes des palplanches qui forment les crêtes des profils fixateurs, en sorte que le déblai se fera suivant la section régulière du lit, dont on obtiendra ainsi le déblaiement à peu de frais. On permettra en outre aux riverains de prendre dans les déblais ce qu'ils voudront employer à combler les bas-fonds des terrains de l'ancien lit pour les rendre meilleurs et plus facilement cultivables, et pour exécuter les chemins latéraux.

Quant aux parties profondes du lit actuel qui resteront en dehors du nouveau lit, on en facilitera le comblement en les barrant à l'aval avec des clayonnages, et en y dirigeant les courants supérieurs de déblaiement chargés de graviers et de sables qu'ils y déposeront.

De cette manière la majeure partie des déblais sera utilisée sur place en digues, chemins et comblement des bas-fonds extérieurs, et le surplus seulement sera entraîné par le courant des grandes eaux, comme il arrive dans les crues, lorsque la rivière s'ouvre un nouveau lit à travers les terrains riverains.

DE LA DIVISION DES TRAVAUX D'EXÉCUTION.

L'exécution du travail se partagera en dix-sept divisions, en commençant par le haut; leurs limites sont déterminées par les rencontres du nouveau lit avec le lit actuel, afin de pouvoir faire rentrer à volonté dans chaque partie de lit à abandonner les eaux de déblaiement et les graviers qu'elles entraîneront. Ces divisions sont marquées sur les plans par des lignes transversales ponctuées en points ronds et par des lettres; les emplacements des masques en charpente destinés à opérer la dérivation des eaux, sont marqués par des lignes obliques en points longs et par des numéros. Les masques sont composés de poteaux espacés de 2 mètres d'axe en axe, fortement contrebutés en arrière contre des pieux noyés; ces poteaux seront reliés par des traverses moisantes en bas et à diverses hauteurs dont un rang portera un pont de service. Ils auront des feuillures pour recevoir des vannes à queue. A leur pied régnera un vannage en palplanches saillantes, pour empêcher les eaux de passer sous leur seuil. On en voit le détail dans le dessin n° 5.

Il faudra pour la Loue vingt-quatre placements de masques, mais comme on n'en emploiera jamais plus de deux à la fois pour chaque section d'exécution, il suffira d'en exécuter deux qui seront enlevés et replacés successivement; si l'on veut exécuter deux sections à la fois, il faudra fournir quatre de ces masques en charpente de 100 mètres de longueur. Comme ils se composent uniquement de poteaux moisés et de vannes de mêmes dimensions et espacements, ils serviront également partout, en allongeant ou en raccourcissant leur étendue, suivant les besoins.

En cas de crues qui surviendraient pendant l'exécution du travail, on lèvera les vannes, comme on l'a déjà dit, pour rejeter la surabondance des eaux dans le vieux lit, et les empêcher de nuire aux travaux.

Il conviendra d'exécuter d'abord la première division, à partir des moulins Toussaint, qui a 1,850 mètres de longueur, comme essai et spécimen du mode d'endiguement proposé. Comme on sera obligé à la fin de chaque division du nouveau lit de jeter les eaux dans le lit actuel de la division suivante, on ne pourra faire le creusement total de la cuvette dans sa partie inférieure, et on n'opérera l'établissement de la cuvette dans cette partie inférieure, qu'après le creusement de la division suivante. La Loue ayant une forte pente, ces parties de creusement différées auront peu d'étendue.

DES AFFLUENTS.

La Loue a quatre affluents sur la rive gauche, savoir :

La Larine, qui entre dans la Loue, vis-à-vis de Chissey;

La Biche, qui débouche vis-à-vis Chamblay;

Le ruisseau de Clairvans, dont l'embouchure aura lieu au-dessus d'Ounans; et la Cuisance, qui conservera son embouchure actuelle à 400 mètres au-dessus du pont de Parcey.

Sur la rive droite, il n'y a que la Riverotte et la Leue qui se réunissent au-dessus de Santans, et forment ensuite une seule rivière dont l'embouchure sera placée entre Montbarcy et Belmont, au profil n° 25.

Ainsi, il n'y aura sur la Loue que cinq embouchures de ruisseaux affluents; ces embouchures seront établies à 40 centimètres au-dessus du niveau des eaux moyennes; leurs pentes au-dessus de ces embouchures seront au moins égales à leurs pentes actuelles à raison de l'abaissement du nouveau lit.

Il résulte de ces dispositions que les eaux des crues ne s'élèveront que de 1^m50^c à 2 mètres aux embouchures de ces ruisseaux, comme elles s'y élèvent maintenant, en sorte qu'on n'aura besoin d'élever leurs digues que de 40 à 50 centimètres, pour prévenir les débordements par-dessus leurs rives.

Indépendamment de quatre embouchures des cours naturels des affluents, il en faudra quatre pour les canaux de décharge des moulins Toussaint de rive gauche, et pour les canaux semblables des moulins d'Ounans, de Nevy et de Parcey.

Sur la rive gauche, les contre-fossés latéraux déverseront leurs eaux dans les rivières latérales, immédiatement au-dessus de leurs embouchures, et n'auront par conséquent pas besoin d'embouchures spéciales jusqu'au confluent de la Cuisance dans la Loue.

Mais il faudra une embouchure immédiatement au-dessus du pont de Parcey pour les eaux du contre-fossé qui régnera entre ce confluent et le pont. — Cette embouchure spéciale sera établie au niveau des eaux moyennes, et sera munie d'une vanne mobile sur tourillons supérieurs, ouvrant du côté de la Loue, de manière que quand cette rivière s'élèvera au-dessus du niveau des eaux moyennes, elle fera fermer cette vanne par sa pression, pour éviter que ses eaux ne se répandent dans la plaine par cette ouverture.

Les crues ne durant ordinairement que trois ou quatre jours, la fermeture de cette embouchure n'aura pas d'inconvénient grave; les eaux que le contre-fossé contiendra ne provenant que de l'égout des terres, sur une faible étendue, pourront y rester quelques jours sans inconvénient; et dès que les eaux de la crue baisseront, elles feront ouvrir la vanne de l'embouchure par leur propre pression et se déverseront dans la Loue.

Pour que ces eaux ne débordent pas, on établira une petite berge relevée sur la rive extérieure de ce contre-fossé.

Sur la rive droite de la Loue, attendu qu'il n'y aura qu'une seule embouchure de rivière, il faudra plusieurs embouchures spéciales de contre-fossés. Il y en aura quatre: une sous Chissey, une vis-à-vis Santans, une au-dessus de la grande Loye, et une près du pont de Parcey. Ces embouchures auront 2 mètres de largeur.

Les habitants ont l'intention d'établir des canaux de décharge pour conduire directement à la Loue la surabondance des eaux produites par les crues du ruisseau de la Cuisance sur la rive gauche, ainsi que de la Riverotte et de la Clauge sur la rive droite, à partir des points où ces trois ruisseaux entrent dans la vallée, parce que la surabondance de ces eaux, qui s'accroît chaque année par suite des assainissements qui s'exécutent sur les coteaux qui bordent la vallée, cause des débordements considérables et très-nuisibles.

Il faudra trois embouchures spéciales pour ces trois canaux; leurs directions sont indiquées sur les plans par des tracés en lignes rouges. Leurs largeurs seront de 15 mètres pour le canal de la Cuisance, de 10 mètres pour celui de la Riverotte, et de 15 mètres pour celui de la Clauge. Les embouchures de ces canaux seront établies au niveau des eaux moyennes; elles seront munies de digues élevées au même niveau que celles de la Loue, pour empêcher les grandes eaux qui y entreront dans les crues de déborder sur les plaines voisines.

Les crues des ruisseaux latéraux précèdent toujours les crues de la Loue, parce que leurs sources sont peu éloignées et que leurs pentes au-dessus des canaux de décharge sont très-fortes, en sorte que le dégorgement des eaux surabondantes, provenant de leurs crues particulières, sera toujours terminé avant l'exhaussement des eaux de la Loue. Les eaux ordinaires s'écoulant par le cours naturel de ces rivières, et les canaux de décharge ne recevant que les eaux qui passeront par-dessus des déversoirs établis au niveau des eaux moyennes de ces ruisseaux, il n'y arrivera après les crues de ces ruisseaux que les eaux d'égout des terres par les contre-fossés; et, attendu que ces canaux seront larges et seront munis de digues sur leurs deux rives, ces eaux surabondantes pourront y séjourner sans inconvénient jusqu'à l'abaissement des eaux de crue de la Loue, époque à laquelle elles y déverseront facilement les eaux qui s'y seront réunies pendant la tenue des hautes eaux.

Pour attérir et combler progressivement les bras et les parties de l'ancien lit qui se trouveront en dehors du nouveau lit, et les rendre cultivables au moyen des dépôts de sables et de limons, on établira dans les digues des canaux, à 50 centimètres en contre-bas du niveau des hautes eaux, vis-à-vis l'amont de chaque bras à attérir (comme on les voit indiqués par des lignes ponctuées dans le profil des digues), et un canal de fuite semblable à l'aval. — Ces prises d'eau devant être temporaires et durer seulement quelques années, ces canaux seront en bois et composés simplement de quatre madriers assemblés; leur ouverture sera de trente à trente-cinq centimètres, les canaux d'entrée auront deux vannes à chaque extrémité, afin de pouvoir les fermer à volonté, même pendant les crues, et les canaux de fuite n'auront qu'une vanne sur le talus extérieur des digues. — Il y aura trente-cinq bras partiels à attérir sur cette rivière, et par conséquent trente-cinq canaux d'entrée et trente-cinq canaux de fuite.

DEUXIÈME DIVISION.

Régularisation et endiguement du cours du Doubs, depuis le barrage de Crissey sous Dôle, jusqu'à la limite du département du Jura et de Saône-et-Loire, vis-à-vis Freterans.

Le projet des travaux à faire sur le Doubs pour régulariser son lit et pour l'endiguer, est établi d'après les mêmes principes généraux que le projet de la Loue : on voit sur les plans le tracé du nouveau lit projeté, indiqué par des lignes et une teinte en carmin. La forme du profil du nouveau lit diffère de celle du profil du lit de la Loue, parce que les pentes, les volumes, les profondeurs d'eau et la nature du sol que traverse cette rivière, diffèrent essentiellement des données correspondantes que présente le cours de la Loue.

Ce projet se divise naturellement en deux sections, dont la première, que nous nommerons *Doubs supérieur*, se compose de l'étendue de rivière comprise entre le barrage de Crissey et l'embouchure de la Loue; et la seconde s'étend de cette embouchure à la limite du département, et est désignée sous le nom de *Doubs inférieur*.

PREMIÈRE SECTION. DOUBS SUPÉRIEUR.

Le lit actuel du Doubs entre le barrage du moulin de Crissey (qui forme prise d'eau pour la partie du canal du Rhône au Rhin, située au-dessous de Dôle, jusqu'au point où sera établie l'embouchure du nouveau lit de la Loue, au-dessus du Port-Aubert) a un développement de 12,700 mètres. La différence du niveau entre les points extrêmes de cette première section est de $5^{m},80$, ce qui donne une pente moyenne de $0^{mill.}4575$. En suivant le nouveau lit rectifié, le développement entre les mêmes points sera de 9,700 mètres, d'où résulte une réduction de longueur de 3,000 mètres.

Les terrains actuellement occupés par le lit actuel, ses bras et ses gravières, et qui se trouvant hors du nouveau lit, pourront être rendus à la culture, présentent une superficie d'environ 173 hectares.

Les pentes du nouveau lit sont établies de manière à faire concorder, autant que possible, les hauteurs d'eau anciennes et nouvelles. La première de Crissey au bac de Gevry de $0^{\text{mill.}}650$, et celle de Gevry au confluent de $0^{\text{mill.}}8546$ pour le fond du lit, et de $0^{\text{mill.}}7107$ pour l'étiage.

Quant à la forme et aux dimensions à donner au nouveau lit, nous pensons qu'il convient de former, comme pour la Loue, un lit de basses eaux et un lit de hautes eaux; mais attendu que le volume des basses eaux est beaucoup plus considérable que celui de la Loue, qu'il n'y a pas de flottage sur cette rivière, que son fond et ses berges sont plus stables et plus résistantes que celles de la Loue, que sa pente est beaucoup plus faible, et qu'il est de fait qu'elle ne creuse pas le fond de son lit lorsqu'il est suffisamment régulier et qu'il a des dimensions suffisantes, nous ne croyons pas nécessaire d'établir des vannages dans le lit central des basses eaux; nous nous bornons à donner à cette partie du lit, qui aura 100 mètres de largeur, deux pentes inclinées d'un demi-mètre vers l'axe, pour centraliser le courant, comme on le voit représenté dans le profil général de cette partie de rivière, dessin n° 6 du projet géneral et pl. 2 ci-jointe.

La largeur totale du lit entre les couronnements de ses digues sera de 150 mètres, le lit mineur aura $1^{m},50$ de profondeur au milieu, et 1 mètre sur les côtés, comme on le voit représenté dans la fig. 2, pl. 2.

Le supplément nécessaire pour les grandes eaux s'obtient au moyen d'élargissements de 25 mètres de chaque côté, en banquettes inclinées qui se raccordent avec le lit mineur par une courbe à double courbure, et avec les digues par une courbe douce. La pente de ces banquettes est de deux centimètres par mètre.

Arrivé au confluent de la Loue, le lit du Doubs suit une courbe tangente à la ligne qui sépare en deux parties égales l'angle de convergence des deux courants, afin d'éviter les refoulements d'un courant par l'autre et les remous dangereux et corrosifs qu'ils produiraient, comme nous l'avons déjà fait observer plus haut.

Il résulte de cette disposition un élargissement de lit qui est avantageux, d'abord pour diminuer la hauteur des eaux à la réunion des deux courants, et ensuite pour former transition à la largeur du lit du Doubs inférieur qui sera de 180 mètres, à cause de l'augmentation du volume des eaux.

Les digues du Doubs sont établies sur le même principe que celles du lit de la Loue, c'est-à-dire formées en remblai avec des talus de raccordements en pente douce et en courbes concaves du côté de la rivière.

Le couronnement de ces digues, qui aura 2^{m},00 de largeur, sera élevé à 4^{m},68 au-dessus du niveau de l'étiage, et de 1^{m},00 au-dessus du niveau des hautes eaux.

Ce dernier niveau est établi pour une section de 616 mètres carrés, correspondante au volume des grandes crues. On voit que si ce volume s'accroissait par des circonstances extraordinaires, les eaux pourraient s'élever encore de 1^{m},00 avant de passer le couronnement des digues; la section totale, qui aurait alors 765 mètres carrés, est plus que suffisante pour toutes les probabilités.

Le terrain dans lequel coule le Doubs ayant de la consistance, et la couche de terre végétale y étant profonde, les digues seront faites entièrement en terre; elles auront 1^{m},50 de largeur en couronnement.

Les talus concaves du côté de la rivière seront gazonnés, et une haie continue régnera sur la crête intérieure pour la fortifier. Les talus extérieurs se gazonneront d'eux-mêmes assez promptement. On pourra semer de la graine de foin pour accélérer ce revêtement conservateur.

Les banquettes inclinées du lit majeur n'étant couvertes que temporairement par les eaux, se gazonneront et seront, par leurs pentes douces qui amortiront progressivement l'action latérale des courants, et par la réduction qu'elle détermine dans la hauteur des eaux au pied des digues, des garanties efficaces contre leur corrosion, parce que la nappe des grandes eaux à leur pied n'ayant qu'une hauteur de $1^{m},68$, quand la profondeur au milieu du lit sera de $5^{m},18$ (comme on le voit dans le profil général), elle n'aura qu'une action modérée et ne pourra pas entamer les revêtements gazonnés en pentes douces.

Pour conserver la section régulière et le pied des banquettes latérales, qui est la partie la plus exposée aux corrosions, nous établirons au pied des courbes de raccordement avec le lit nouveau, et parallèlement à l'axe du lit, deux lignes de vannage continus en palplanches; l'une désignée par les lettres B B dans le profil général déjà cité, fig. 2, pl. 2, et dans la partie de plan du lit du Doubs, fig. 4, suit les points de passage de la courbure convexe à la courbure concave; l'autre, indiquée par les lettres C C, suit le pied de la courbe concave; puis nous établissons des vannages en travers de 10 à 12 mètres de longueur, perpendiculaires aux premiers, indiqués par les lettres F F, dans les mêmes figures; ces vannages en travers seront espacés de 150 à 200 mètres dans les lignes droites, et plus rapprochés dans les courbes; en outre on les prolongera de 5 à 10 mètres du côté concave des courbes, comme on les voit indiqués par les lettres G, dans la fig. 4, pl. 2, qui correspond au dessin n° 7 du dossier du projet.

A partir du bac de Gevry, le lit augmentera progressivement de profondeur jusqu'au-dessous du confluent, pour passer de la profondeur en ce point qui est de $2^{m},00$, comme on l'a dit plus haut, à celle de $3^{m},00$ qui est la profondeur actuelle du lit renfermant les eaux de la Loue et du Doubs réunies à l'aval de la seconde section, dont la longueur est de 3475^{m}; la pente des eaux d'étiage sera de $0^{mill.}71079$, et la pente du fond du lit de $0^{mill.}8546$, comme on le voit dans le profil en long.

Pour connaître le volume des hautes eaux, nous avons basé nos calculs sur la section des plus grandes crues connues, immédiatement au-dessous du pont de Dôle, où elles se trouvent réunies en section régulière.

L'élévation et le débouché de ce pont sont représentés dans un dessin joint au dossier du projet, sous le n° 8.

Nous avons établi la pente d'après les renseignements qui nous ont été donnés sur divers points du niveau des grandes crues en plusieurs points, entre le pont et le barrage de Crissey.

La section des plus hautes eaux, immédiatement au-dessous du pont, est de 571 $^{m.q.}$ 75;

Son périmètre mouillé de 158^{m},40;

D'où il suit que le rayon moyen est égal à 3^{m},6095.

La pente est de 0^{m},0008134;

Ce qui donne pour le coefficient R I 0,002935;

Pour la vitesse moyenne par seconde 2^{m},80, et par minute 168 mètres;

D'où il résulte que le volume d'eau débité lors des plus grandes crues est de 96,054$^{m.c.}$

La section du profil que nous avons adopté pour le Doubs supérieur entre le barrage de Crissey et le confluent de la Loue, sur la longueur de 6^{m},225, où règne la pente de 0^{m},00065, est (en supposant le niveau des eaux des crues à 1 mètre au-dessous du couronnement des digues), de 616$^{m.q.}$,00;

Son périmètre mouillé est de 148^{m};

D'où résulte que le rayon moyen est de 4^{m},1621;

Et la valeur de R I 2.70.

La vitesse moyenne étant de 2^{m},685 par seconde, et de 161^{m},10 par minute;

Le volume qui sera débité par ce lit sera de 99,376 mètres cubes par minute, qui excède de 2,588 mètres cubes le volume débité au-dessous du pont de Dôle.

Il restera encore entre le niveau supérieur de la section que nous donnons aux grandes eaux, une section supplémentaire de 149 mètres carrés, pour parer aux accroissements que des circonstances extraordinaires pourraient produire au-delà du maximum de volume des grandes crues constatées.

La seconde pente jusqu'au confluent de la Loue étant plus forte que la première, il est évident que la même hauteur de digues serait suffisante; cependant elle sera encore supérieure à celle de la première partie, parce qu'on l'établira en raccordement avec celle des digues du Doubs inférieur qui sont plus élevées, attendu que le volume d'eau y est plus grand; en sorte qu'on n'aura jamais à craindre de débordements, même en cas de concordance instantanée des grandes crues des deux rivières.

Les rectifications du lit projeté sont indiquées par un tracé lavé en rouge sur les plans; il est généralement en courbes de grand rayon, séparées par des lignes droites de peu d'étendue, sauf un alignement plus long qui se présentait naturellement, et qui n'a aucun inconvénient, parce qu'il est suivi d'une courbe de très-grand rayon qui conduit au confluent.

Il n'y a d'autre affluent notable sur cette partie de rivière que celui de la Clauge, qui a son embouchure sur la rive gauche au-dessus du confluent de la Loue; cette embouchure sera à ouverture libre et établie au niveau des eaux moyennes; on donnera à ses digues une hauteur suffisante pour que les eaux des crues du Doubs, ne les dépassent pas.

Cette rivière donne, lors de ses crues, un volume d'eau assez considérable; mais comme elle débouche immédiatement au-dessus du confluent de la Loue, où la largeur est considérable, le tribut de cet affluent aura peu d'influence sensible sur la hauteur des eaux; et il y a d'autant moins lieu de s'en occuper, que ses crues précèdent toujours d'un jour ou deux celles du Doubs, en sorte que ses grandes eaux sont en grande partie écoulées quand arrivent les crues de cette rivière.

Le contre-fossé de la rive gauche débouchera dans la Clauge; celui de la rive droite débouchera sous Molay, au niveau des eaux moyennes du Doubs.

L'exécution des travaux se divisera en quatre sections, dont les séparations sont indiquées par des lignes rouges en gros points ronds et des lettres; et il y aura sept déplacements de barrages de dérivation marqués par des lignes rouges en points longs et par des numéros.

Deux fournitures de barrages en charpente de 150 mètres de longueur chacune suffiront pour cette partie du Doubs.

L'exécution commencera par la première section comprise entre le barrage de Crissey et la ligne A A. C'est cette première section qu'il conviendrait d'exécuter d'abord pour essai et comme spécimen du système d'endiguement proposé pour le Doubs; sa longueur est de 2,000 mètres.

Il n'y aura qu'un seul canal de décharge pour lequel il faille établir une embouchure, c'est celui du moulin de Crissey. Il y aura six parties de rivière retranchées par le nouveau lit, et il faudra, pour leurs attérissements *six* canaux provisoires d'entrée des hautes eaux, et six canaux de fuite semblables à ceux que l'on a indiqués pour la Loue.

DEUXIÈME SECTION DE LA DEUXIÈME DIVISION.

Doubs inférieur. — Depuis le confluent de la Loue jusqu'à la limite du département du Jura.

Le Doubs inférieur commence près du Gros-Saulçois, immédiatement au-dessous du confluent de la Loue; le lit actuel de cette partie de rivière a généralement plus de profondeur que la partie supérieure, mais ses pentes étant généralement plus faibles, on ne peut maintenir la largeur de 150 mètres, sans avoir des digues trop élevées. Le confluent de la Loue et du Doubs ayant une très-grande largeur, nécessitée par la réunion tangentielle des deux courants, on rapprochera les digues progressivement comme on les voit tracées sur la feuille n° 1 des plans de cette partie de rivière, de manière à arriver insensiblement à la largeur normale de 180 mètres, à 400 mètres en aval du Gros-Saulçois.

Les tracés du nouveau lit, toujours en courbes de grand rayon, séparées par des alignements droits de transition, sont établis sur les plans : on y verra que l'on a suivi, autant que possible, les directions générales de la rivière, en coupant et rectifiant les sinus nombreux et très-prononcés que forme le lit actuel, et qui, comme nous l'avons déjà fait observer pour la Loue et pour le Doubs supérieur, sont les causes les plus puissantes et les plus actives des corrosions et des changements continuels de direction.

Les changements de lit, que l'on reconnaît en comparant les parties lavées en couleur brune, qui constatent l'état des lieux lors du cadastre, et les parties en bleu, qui indiquent l'état actuel, présentent des différences moins nombreuses et moins prononcées que dans les plans de la Loue et du Doubs supérieur, non que les corrosions et changements y soient moins fréquents, mais parce que le cadastre de cette partie de la vallée est moins ancien et se trouve compris de 1825 à 1830.

La longueur du cours actuel étant de 28,000^{m}, et celle du nouveau cours projeté, de 16,544^{m}, le développement de la rivière se trouvera réduit de 11,456^{m}, et les pentes seront augmentées en proportion.

Les terrains occupés actuellement par la rivière, ses bras et ses graviers, qui, se trouvant hors du nouveau lit, pourront être rendus à la culture, présentent ensemble une surface d'environ 340 hectares.

Il résulte du tracé de rectification et de l'étude du régime de la rivière, que pour faire accorder autant que possible les profondeurs du nouveau lit avec celles de l'ancien lit, il a fallu faire varier les pentes; elles sont au nombre de trois :

La première, du Gros-Saulçois au pont de Peseux, est de 0^{m}0005732, sur une longueur de 5,233 mètres.

La seconde, du pont de Peseux au pont de Petit-Noir, est de 0m0006698 et s'étend sur 7,322 mètres de longueur.

La troisième, de 0m0005738, règne depuis le pont de Petit-Noir jusqu'à la limite du département, sous Lays, sur une longueur de 7,949 mètres.

La limite commune aux départements du Jura et de Saône-et-Loire étant sinueuse, il en résulte que pour pouvoir comprendre dans notre projet la rectification du Doubs sur la commune d'Aunoir, qui fait partie du Jura, nous avons été obligé d'étudier le régime de la rivière et d'établir notre tracé sur une partie du territoire de Saône-et-Loire; mais nous ne comprendrons dans notre projet que les parties du nouveau lit qui appartiennent au Jura.

Les différences assez notables qui existent entre les pentes du nouveau lit indiquées ci-dessus, déterminent des différences correspondantes dans les sections à donner au nouveau lit, et par conséquent aussi dans les hauteurs des digues : ces différences sont indiquées sur le profil représenté dans le dessin n° 9 du projet.

Pour que le nouveau lit du Doubs inférieur puisse contenir le volume des grandes eaux dont le débit sera de 167,485 mètres cubes par minute, si l'on bornait sa largeur à 150 mètres, il faudrait, comme nous l'avons déjà fait observer, relever beaucoup les digues, ce qui aurait le double inconvénient de diminuer les garanties de stabilité et d'augmenter beaucoup les dépenses. Pour l'éviter nous avons préféré augmenter la largeur du lit, afin d'avoir toujours des digues modérées, et cela était d'autant plus convenable, que les pentes devenant plus douces à mesure que l'on approche de l'embouchure dans la Saône, il faudra non-seulement maintenir cette largeur sur le département de Saône-et-Loire, mais encore probablement l'augmenter avant d'arriver au confluent.

Au Gros-Saulçois, où la Loue et le Doubs sont réunis, le volume des grandes eaux amenées par la Loue est de 68,148 mètres cubes par minute, et celui du Doubs de 99,237 mètres. Ensemble 167,485 mètres.

En général l'apogée des crues du Doubs arrive toujours un jour ou deux après celui des crues de la Loue; on devrait par conséquent admettre que le volume maximum qu'aura à contenir le nouveau lit au-dessous du confluent, ne sera jamais égal à la somme des volumes maxima des deux rivières; cependant, comme cela peut arriver par des circonstances extraordinaires, pour avoir plus de sécurité, nous avons établi nos calculs dans l'hypothèse de cette concordance.

La profondeur d'eau et les hauteurs des digues sont établies dans nos profils, de manière à ce que les couronnements de celles-ci soient toujours à $1^{m},50$ au-dessus du niveau des plus hautes eaux que pourrait produire la réunion simultanée des plus fortes crues des deux rivières, afin de parer plus sûrement aux accroissements qui pourraient arriver par la suite, et donner des garanties plus certaines contre les éventualités.

Les calculs des hauteurs à donner aux digues pour chacune des subdivisions du nouveau lit, déterminées par ses différentes pentes, ont été établis comme il suit :

Pour la première partie, qui comprend la première pente entre le Gros-Saulçois et le pont de Peseux, la surface des grandes eaux dans le profil du lit du Doubs inférieur, de 180 mètres de largeur, indiqué dans le dessin n° 9, sera de $6^{m},52$ au-dessus du milieu du lit, et les couronnements des digues à 1 mètre et demi au-dessus de ce niveau.

La section des grandes eaux est de $970^{m.q.}$

Son périmètre mouillé, $176^{m},50$.

Son rayon moyen, de $5^{m},495$.

La pente étant de $0^{m},0005732$.

La valeur de R I de 3,444.

La vitesse moyenne est de $2^{m},95$ par seconde, de $174^{m},20$ par minute, et le volume débité par minute de $169,071^{m.c}$

Quantité supérieure de 1,585 mètres cubes au débit des grandes eaux réunies de la Loue et du Doubs. La hauteur de digue pour cette première section du lit est indiquée sur le profil général du Doubs inférieur par la ligne qui porte le n° 1.

Pour la deuxième partie correspondante à la seconde pente, entre le pont de Peseux et celui de Petit-Noir :

La hauteur des grandes eaux au-dessus du milieu du lit de 180 mètres de largeur, est, suivant les lignes indiquées par le n° 2 sur le même profil, de $6^{m},59$, le couronnement des digues étant toujours à $1^{m},50$ au-dessus ce niveau.

La section des grandes eaux est de $980^{m.q.}$

Son périmètre mouillé, de $176^{m},20$.

Son rayon moyen, de $5^{m},568$.

La pente étant de $0^{m},0006698$.

La valeur de R I sera 3,569.

La vitesse moyenne par minute, $186^{m}00$.

Et le débit par minute, de $182,280^{m.c.}$

Ce volume excède de 13,209 mètres cubes le débit des eaux dans la première partie, parce que le Doubs reçoit dans la deuxième, au-dessous de Chaussin, le Dorain qui, d'après les renseignements donnés sur les lieux, peut donner un débit de 10 à 12,000 mètres cubes par minute, dans ses crues. Bien qu'en général l'arrivée du maximum de ses crues précède de deux à trois jours le maximum d'élévation des crues du Doubs, on a cru, par précaution, devoir établir le lit pour le cas où, par des circonstances extraordinaires, les crues de l'un et de l'autre arriveraient au maximum en même temps.

Pour la troisième partie correspondante à la troisième pente, le niveau des grandes eaux est indiqué par le n° 3, sur le profil général, toujours avec 180 mètres de largeur entre les digues, et la hauteur de ces eaux, au-dessus du milieu du lit, est de $6^{m},94$.

La section des grandes eaux est de $1040^{m.q.}$

Son périmètre mouillé, de 177^{m}.

Le rayon moyen, de $5^{m},875$.

La pente étant de $8^{m},0005738$.

$RI = 3,371$.

La vitesse moyenne sera de $180^{m},30$ par minute.

Et le volume débité, de $183,512^{m.c.}$

On a augmenté le débit de cette section de 1,232 mètres cubes, à raison de petits ruisseaux de peu d'importance affluents à cette section du Doubs.

Il n'y a d'affluents notables sur le Doubs inférieur, que le Dorain, sur la rive gauche; lequel, très-faible en été, a des crues très-fortes, parce qu'il descend des gorges inférieures du Jura, et, sur la rive droite, la Sablonne, qui est très-peu volumineuse, et qui, ayant ses sources dans la vallée, n'a pas de crues notables.

Les embouchures de ces deux ruisseaux, qui sont trop étroites, seront augmentées de la moitié de leur largeur actuelle, avec raccordement sur 500 mètres de longueur; leurs digues seront relevées au niveau de celles du Doubs.

Les travaux d'exécution seront partagés en six subdivisions, marquées sur les plans par des lignes en gros points ronds au carmin et par des lettres.

Il y aura douze emplacements de barrages mobiles en charpente ou masques de dérivation; il suffira d'exécuter deux de ces masques, de 200 mètres de longueur chacun, qu'on relèvera et replacera successivement.

Les rigoles d'égouttement auront des ouvertures à clapets à travers les digues, de 5 en 5,000 mètres, pour le déversement de leurs eaux dans le Doubs.

CHAPITRE III.

Estimation des Dépenses.

ARTICLE I.

Travaux à faire pour la régularisation de l'endiguement de la Loue.

PREMIÈRE SECTION.

Première partie proposée pour être exécutée à titre de spécimen.

DU MOULIN TOUSSAINT A LA LIMITE DES COMMUNES DE MONTBAREY ET DE BELMONT.

Du moulin Toussaint au point marqué par la lettre A sur la première feuille du plan, à 1,750 mètres en aval des moulins.

Indemnités de terrains.

La superficie des terrains à occuper par le nouveau lit, les digues et les contre-fossés, est de. . . . . h. a. c. 33 60 »

Sur cette superficie, il y a une étendue de. . . 9 81 » qui est occupée par la Loue, dans ses eaux moyennes, et qui conséquemment appartient à l'état : cette rivière étant flottable.

Il reste à compter pour les terrains à acquérir. . . 23 79 » lesquels, à raison de deux mille francs l'hectare, prix moyen, valent. . . . . 42,822 fr. 00 c.

Terrassements. Division et mode d'exécution.

Les calculs des terrassements établis dans les états de métrés comprennent les chemins latéraux indiqués dans le profil général ; mais ces chemins étant indépendants des travaux d'endiguement et ne devant s'exécuter qu'autant que les communes intéressées voudront en faire les frais, ne doivent pas être compris dans les dépenses du projet de régularisation de la rivière.

Le cube des déblais à faire pour cette première partie, est de 146,334 m.c. 00, à extraire du nouveau lit, et 12,280 m.c. à extraire des contre-fossés.

Le cube de remblais à faire pour les digues et les comblements d'anciens lits compris dans le tracé du nouveau lit, et déduction faite du cube des chemins latéraux, est de 54,770 m.c. pour les digues et de 51,700 m.c. pour les comblements de lit.

Dans les déblais, nous ne comptons, comme devant être

A reporter. . . . 42,822 »

D'autre part. . . . 42,822 fr. »

extraits, que l'équivalent des remblais, parce que c'est la seule partie qui sera exécutée à bras d'homme.

Le surplus inutile aux remblais, sera déblayé par les eaux, pour économiser la main-d'œuvre et l'occupation des terrains qui seraient nécessaires pour déposer l'excédant des déblais sur les remblais. On dirigera la majeure partie de ces graviers vers les parties du nouveau lit à remblayer et vers les bras de la rivière qui, restant en dehors du nouveau lit, devront être comblés pour être rendus cultivables; le surplus sera entraîné par le courant des grandes eaux, comme il arrive quand la rivière s'ouvre d'elle-même de nouveaux lits.

On commencera par ouvrir les contre-fossés et le canal central de la cuvette en section régulière, puis on y établira les vannages en palplanches en long et en travers. Ensuite on ouvrira dans les massifs restants sur les côtés du lit, des canaux parallèles à l'axe de la largeur nécessaire pour compléter les remblais des digues et les comblements des vieux lits. Cela fait, on barrera l'ancien lit à l'amont avec les barrages mobiles en charpente représentés dans le dessin n° 9 pour faire entrer les eaux dans le nouveau, et enlever les massifs restants qui, coupés presque verticalement dans plusieurs directions, seront facilement attaqués et entraînés par les eaux, dont on aidera et dirigera l'action à bras d'hommes et par des épis mobiles.

Le barrage étant composé d'une partie inférieure pleine et d'une claire-voie supérieure disposée à recevoir trois rangs de ventelles, on sera maître de régler à volonté le volume d'eau que l'on jugera utile d'introduire à la fois dans le nouveau lit.

Le surplus des eaux que l'on n'emploiera pas pourra continuer à s'écouler par les parties de l'ancien lit, extérieures au nouveau, et inférieures au point d'exécution.

Quand le déblai d'une partie du lit sera terminé, la totalité des eaux y sera introduite; alors on complétera la digue dans l'emplacement occupé par le barrage, et on enlèvera entièrement le masque en charpente pour le replacer plus bas dans la subdivision suivante à l'aval.

Le cube des déblais nécessaires pour former les remblais de la première subdivision est de 54,770 mètres.

12,280 qui seront fournis par les contre-fossés, déblayés et

A reporter. . . . 42,822 »

D'autre part. . . . 42,822 fr. »

jetés à deux jets de pelle, à 0 fr. 20 c. l'un, valent. . . . . 2,456 »

Les 42,490m nécessaires pour compléter les remblais des digues et qui seront extraits des déblais de la cuvette et des tranchées dans le nouveau lit, déblayés et transportés à une distance moyenne de cent dix mètres à 0 fr. 50 c. l'un, pour extraction et transport valent. . . . . 21,245 »

Les 51,700 mètres cubes destinés à combler l'ancien lit dont on fera aider le transport par l'action des eaux, à 0 fr. 35 c. l'un, valent. . . . . 18,095 »

Pour aider l'action des eaux pour le restant des déblais, on emploiera vingt hommes pendant un mois, ce qui fera 600 journées à 2 fr. l'une. . . . . 1,200 »

Règlements des talus.

Le premier règlement des talus intérieurs et des couronnements du massif intérieur des digues en gravier, coûtera à raison de 0 fr. 02 c. par mètre carré, pour 17,500 mètres, ci. . . 350 fr. »

Le second règlement des talus recouverts de terre végétale à raison de 0 fr. 04 c. le mètre carré, pour 17,500m valent. . . 700 »

Gazonnements.

Le gazonnement des talus intérieurs aura deux mètres de hauteur, il sera établi en échiquier.

La bande inférieure sera pleine sur un demi-mètre de largeur, c'est-à-dire qu'elle sera composée de gazons jointifs ; le reste, sur un mètre et demi de hauteur, sera formé en échiquier au moyen de deux bandes longitudinales de vingt centimètres de largeur, l'une sur le couronnement, l'autre au milieu de l'intervalle restant ; et de bandes verticales espacées de soixante-quinze centimètres de milieu en milieu ; d'où il résultera par mètre courant huit espaces vides, carrés, de cinquante-cinq centimètres de côté, en sorte que l'on n'emploiera qu'un mètre seize centimètres de gazon par mètre courant au lieu de deux mètres carrés.

Les bandes croisées étant encastrées à fleur du terrain et bien piquetées, suffiront pour le maintenir ; les cases vides s'herberont promptement, et elles compléteront en peu de temps, et sans frais, la stabilité du talus aussi bien et même mieux que les parties couvertes en gazons, parce que l'herbe qui y croît s'implantera dans le massif même du remblai.

Pour 3,500 mètres courants de digues des deux rives, la surface du gazonnement sera de quatre mille soixante mètres carrés.

A reporter. . . . 106,868 »

D'autre part. . . . 106,868 fr. »

Les gazons seront pris et réservés sur les parties de terrains, la plupart en prés, dans lesquelles se fera l'ouverture du nouveau lit, en sorte qu'on n'aura pas à compter de frais d'acquisition ; la valeur de ces terrains étant comprise dans l'article des indemnités.

Les 4,060 mètres carrés de gazonnements pour levage, transport, application et piquetage, à 0 fr. 40 c. le mètre carré, valent. . . . . 1,624 »

Haies vives. 3,500 mètres courants de haies vives, à 0 fr. 40 c. l'un, valent. 1,400 »

Vannages en palplanches. Les vannages longitudinaux des bords de la cuvette ont ensemble une longueur de 3,500 mètres, ci. . . . 3,500^{m} »

Les 13 vannages en travers de la cuvette auront ensemble. . . . . 330 »

Ensemble. . . . 3,830^{m} »

Les 3,830 mètres courants à 3 fr. l'un, valent. . . . . . 11,490 »

Les 8 vannages en prolongement sur le côté concave de la courbe, auront ensemble 320 mètres de longueur, lesquels à 2 fr. 50 c. l'un, valent. . . . . 800 »

Barrages mobiles. Le placement de deux barrages mobiles en charpente de 225 mètres de longueur ensemble, pour dériver les eaux de l'ancien lit dans le nouveau, à 40 fr. le mètre courant, vaut. . . 9,000 »

Le déplacement et enlèvement de ces barrages à 30 f. le mètre courant, vaut. 6,750 »

Clayonnages. 350 mètres courants de clayonnages dans les vieux bras pour en faciliter le comblement, à 2 fr. l'un, valent. . . . . . 700 »

Buses à clapets. Quatre buses à clapets en charpente bitumée, pour favoriser les comblements des parties extérieures de l'ancien lit, à 200 fr. valent. . . . . 800 »

Aqueduc. Un aqueduc pour la rentrée des eaux du moulin Toussaint, de rive gauche, dans le nouveau lit, coûtera. . . . . 5,000 »

Total de la dépense pour la 1re partie de la 1re section. . 124,432 fr. »

Le 1/20e pour équipages et frais d'entreprise. 4,318 40

Total. 128,750 40

Somme à valoir pour cas imprévus. 5,249 60

Montant total pour cette première partie. . . . . 134,000 »

DEUXIÈME PARTIE DE LA PREMIÈRE SECTION.

Du point A situé à 1,750 mètres à l'aval du moulin Toussaint, jusqu'à la limite des communes de Montbarrey et de Belmont, sur une longueur de 9,872 mètres.

Indemnités de terrains, y compris celle du nouveau canal de prise d'eau du moulin d'Ounans, 139 hect. 54 ares à 1,800 f. l'un, prix moyen, valent.		251,172 fr.	» c.
109,004 mètres cubes de déblais de contre-fossés à 0 fr. 02 c. l'un, ci.		21,800	»
Sur le cube des digues, qui est de 226,610^m.c.^, il reste à fournir par les déblais du nouveau, 117,606 mètres cubes à 0 fr. 50 cent.		53,803	»
Le cube des remblais de rivière est de 122,354^m.c.^ à 0 fr. 35 c.		42,822	»
Journées de manœuvres pour aider au travail des eaux. . .		6,600	»
1er règlement du talus des digues, 118,464^m q.^ à 0 fr. 02 c. . .		2,369	»
2e *Idem* *Idem* 118,464^m.q.^ à 0 fr. 04 c. .		4,738	»
Gazonnement, 22,903^m.q.^ à 0 fr. 40 c.		9,162	»
Haies vives, 19,744^m^ courants à 0 fr. 40 c.		7,897	»
Vannages longitudinaux de cuvette. . . .	19,744^m^ 00^c^		
Vannages en travers.	1,422 40		
Ensemble. . . .	21,166 40		
Lesquels, à 3 fr. l'un, valent.		63,498	»
40 vannages en prolongement vers les digues, ont ensemble une longueur de 2,240^m^ à 2 fr. 50 c. l'un.		5,600	»
Placement de 1430^m^ courants de barrages mobiles, à 40 fr. l'un.		57,200	»
Déplacement et transport des mêmes, à 30 fr. l'un. . . .		42,900	»
1,500 mètres courants de clayonnages, à 2 fr.		3,000	»
28 buses à clapets, à 200 fr. l'une, valent.		5,600	»
Deux aqueducs pour les embouchures des ruisseaux de la Larine et de Clairvans, à 5,000 fr. l'un, ci.		10,000	»
Deux aqueducs pour les eaux du moulin d'Ounans, à 3000 f. l'un.		6,000	»
Barrage éclusé d'Ounans.		75,000	»
Total pour les travaux de la 2e partie de la 1re section. .		674,161	»
1/20e du montant des travaux, pour équipages et frais d'entreprise.		21,149	45
		695,310	45
Somme à valoir pour cas imprévus.		6,689	55
Total pour la 2e partie de la 1re section.		702,000	»

DEUXIÈME SECTION.

De la limite des communes de Montbarrey et de Belmont au pont de Parcey, sur un longueur de 9,821 mètres.

		fr.	c.
Indemnités de terrains y compris celle des prolongements des canaux de prise d'eau, des moulins de Nevy et de Parcey, 92 hectares 05 ares, à 1,900 fr. l'un, prix moyen, valent.		174,895 fr.	» c.
Déblais des contre-fossés de 102,138$^{m.c.}$, à 0 fr. 20 centimes. .		20,427	»
Pour compléter le cube des digues qui est de 579,484$^{m.c.}$, il restera à fournir avec les déblais du lit, 477,346$^{m.c.}$ à 0 fr. 50 c. .		238,673	»
Remblais en rivière, 152,201$^{m.c.}$ à 0 fr. 35 c.		53,270	»
Journées des manœuvres pour aider les eaux.		6,800	»
1er règlement des digues 98,210$^{m\ q}$ à 0 fr. 02 c.		1,964	»
2e *Idem.* *Idem* 98,210$^{m\ q}$ à 0 fr. 04 c.		3,928	»
Gazonnements sur 22,781$^{m.q.}$ à 0 fr. 40 c. l'un.		9,114	»
Haies vives, 19,642 mètres courants, à 0 fr. 40 c.		7,856	»
Vannages longitudinaux de cuvette. . . .	19,642^{m} »		
Vannages transversaux.	1,422 »		
Ensemble.	21,064 »		
Lesquels, à 3 fr. l'un.		63,193	»
Vannages en prolongement sur les côtés, 2,600^{m} à 2 fr. 50 c.		6,500	»
Placement de 1,440^{m} courants de barrages mobiles à 40 fr. l'un, valent.		57,600	»
Enlèvement et transport de ces barrages, 1440 mètres à 30 fr.		43,200	»
Clayonnages, 1,600 mètres à 2 fr.		3,200	»
20 buses à clapets à 200 fr.		4,000	»
Six aqueducs à 8,000 fr.		48,000	»
Barrage éclusé de Nevy.		75,000	»
Total pour les travaux de la 2e section.		817,620	»
1/20e du montant des travaux, pour équipages et frais d'entreprise.		32,136	25
		849,756	25
Sommes à valoir pour cas imprévus.		6,243	75
Total pour la 2e section.		856,000	»

TROISIÈME SECTION.

Du pont de Parcey a l'embouchure de la Loue dans le Doubs, sur une longueur de 4,407 mètres.

Indemnités de terrains, 54 hectares 76 ares, à 1,500 fr., prix moyen, valent ci.			80,640 fr.	» c.
Déblais des contre-fossés, 12,516m.c. à 0 fr. 20 cent. . . .			2,503	»
Pour le complément du remblai des digues, qui est de 86,165m.c. cubes, il reste à fournir 73,649m.c. à 0 fr. 50 c.			36,824	50
Remblai en rivière, 33,500 mètres cubes à 0 fr. 35 c. . .			11,725	»
Journées pour aider au travail des eaux.			4,500	»
1er règlement des digues, 52,884 mètres carrés à 0 fr. 02 c.			1,057	»
2e *Idem* 52,884 *Idem* à 0 fr. 04 c.			2,114	»
Gazonnements sur 10,224 mètres carrés à 0 fr. 40 c. . .			4,089	70
Haies vives, 8,814 mètres courants à 0 fr. 40 c.			3,525	»
Vannages longitudinaux.	8,814m	00		
Vannages transversaux.	635	00		
Ensemble.	9,449m	00		
Les 9,449 mètres courants de vannages à 3 fr., valent. . .			28,346	»
800m de vannages en prolongements à 2 fr. 50.			2,000	»
Placement de 480 mètres de barrages mobiles à 40 fr. . .			19,200	»
Enlèvement et transport de ces barrages, 480 mètres à 30 fr.			14,400	»
Clayonnages, 750 mètres courants à 2 fr.			1,500	»
Six buses à clapets à 200 fr. l'une.			1,200	»
Un aqueduc pour les eaux du moulin de Parcey.			5,000	»
Total pour les travaux de la 3e section. . . .			218,624	20
1/20e du montant des travaux, pour équipages et frais d'entreprise.			6,899	21
			225,523	41
Somme à valoir pour cas imprévus.			3,476	59
Total pour la 3e section.			229,000	»

RÉCAPITULATION.

1re partie de la 1re section. .	134,000 fr.	»
2e *Idem* de la même section.	702,000	»
2e section.	856,000	»
3e section.	229,000	»

Total pour l'exécution des travaux de la Loue.	1,921,000 fr. »	ci.	1,921,000 fr.	»
Charpente et fers de 300 mètres courants de barrages mobiles, pour opérer les dérivations de l'ancien lit dans le nouveau, à 210 fr. le mètre courant.			63,000	»
Établissement de bureaux d'ateliers et magasin de régie. . .			7,000	»
Frais de direction et de surveillance des travaux pendant cinq ans, à 16,000 fr. par an.			80,000	»
Dans le cas où les travaux de la Loue et du Doubs s'exécuteraient en même temps et sous la même direction, les frais des travaux seraient réduits à 3,000 fr. par an, et pour cinq ans de 15,000 fr.				
A valoir pour frais d'établissement, des rôles de répartition et pour les expropriations.			18,000	»
Total des dépenses.			2,089,000	»

A déduire : 1° pour 255 hectares de terrains occupés par la rivière, dans ses eaux moyennes, et qui se trouvant hors du lit, pourront être rendus à la culture à raison de 600 fr. l'hectare.		153,000 fr.	»
2° Pour les chutes d'usines créées par les travaux et qui pourront être vendues, savoir :			
Une chute de 1m36c au-dessous du moulin d'Ounans.	12,000 fr.		
Une chute de 1m20c sur le canal de Nevy.	10,000		
Une chute de 1m70c sur le canal du moulin de Parcey.	20,000		
Ensemble.	42,000 fr.	42,000 fr.	»
La concession des passages sur les barrages éclusés d'Ounans et de Nevy, à 30,000 fr. l'un.		60,000	»
A déduire.		255,000 fr. »	255,000 fr. »

Il reste pour la dépense des travaux de régularisation et d'endiguement de la Loue. . . . . 1,844,000 »

Nota. Les superficies des terrains nécessaires pour l'établissement des chemins latéraux sont comprises dans les terrains à acquérir portés dans les estimations ; la valeur de ces terrains est de 75,000 fr. En conséquence, si on renonçait à leur exécution, la dépense totale pour les travaux d'endiguement se réduirait à 1,759,000 fr.

ARTICLE II.

Travaux à faire pour la régularisation de l'endiguement du Doubs supérieur.

SECTION UNIQUE.

DU BARRAGE DE CRISSEY AU GROS-SAULÇOIS.

Première partie, du moulin de Crissey au bac de Choissey, sur une longueur de 2,000 *mètres, proposée pour être exécutée la première, à titre de spécimen.*

La superficie des terrains à acquérir est de 12 hectares 71 ares en prés, lesquels à 2,800 fr. l'hectare.	35,588 fr.	»
Et 10 hectares 69 ares de terrain en labour de qualité médiocre à 2,000 fr. l'un.	21,300	»
Le déblai des contre-fossés de 9,454 mètres cubes à 0 fr. 20 c.	1,891	»
Le cube des digues étant de 29,800$^{m.c.}$, il reste à fournir avec les déblais du lit 20,346 mètres à 0 fr. 50 c.	10,173	»
Le cube des remblais en rivières est de 77,545$^{m.c.}$ à 0 fr. 35 c.	27,141	»
Direction du travail des eaux.	3,800	»
1er règlement des talus intérieurs des digues, 24,000 mètres carrés à 0 fr. 02 c.	480	»
2e règlement des talus intérieurs des digues 24,000 mètres carrés à 0 fr. 04.	960	»
Gazonnement en échiquier 7,000 mètres carrés à 0 fr. 40 c.	2,800	»
Haies vives 4,000 mètres courants à 0 fr. 40 c.	1,600	»
Vannages longitudinaux. . 8,000 00		
Vannages transversaux. . . 543 00		
Ensemble. . . . . 8,543 00 à 3 fr.	25,629	00
Placement des barrages mobiles 275 mètres courants à 50 fr.	13,750	00
Enlèvement et transports *id.* 275 *id.* à 40 fr.	11,000	00
Clayonnages 220 *id.* à 35 fr.	7,770	00
Quatre buses à clapets à 400 fr. l'une, ci.	1,600	00
Un aqueduc pour la rentrée des eaux du moulin de Crissey. .	5,000	00
Total. . . .	163,562 fr.	00 c.

D'autre part. . . .	163,562 fr.	» c.
1/20e du montant des travaux, pour équipages et frais d'entreprise.	5,329	70
Total. . . .	168,891	70
Somme à valoir pour cas imprévus.	6,108	30
Montant total de la 1re section..	175,000 fr.	» c.

DEUXIÈME PARTIE

formant le complément de la section; du bac de Choissey au Gros-Saulçois, au-dessous du confluent de la Loue, sur une longueur de 7,700 mètres.

Superficie de terrains à acquérir 86 hectares 13 ares dont 45 hectares en terres labourables à 1,800 fr. l'un, ci.	81,000 fr.	» c.
Et 41 h. 13 a. en marais et oseraies à 1,400 fr..	57,582	»
Déblais des contre-fossés 34,172 mètres cubes à 0 fr. 20 c. .	6,834	»
Complément des remblais des digues 233,141 mètres cubes à 0 fr. 50 c.	116,000	»
Déblais pour le changement de direction du confluent de la Clauge 40,000 mètres à 0 fr. 40 c.	16,000	»
Remblai en rivière 143,605 mètres cubes à 0 fr. 35 c. . . .	50,262	»
Direction du travail des eaux..	5,800	»
1er règlement des digues 92,400 mètres courants à 0 fr. 02 c.	1,848	»
2e *id.* *id.* 92,400 *id.* à 0 fr. 04 c.	3,696	»
Gazonnement 26,950 mètres carrés à 0 fr. 40 c..	10,780	»
Haies vives 15,400 mètres courants à 0 fr. 40 c..	6,160	»
Vannages longitudinaux 31,120 mètres courants à 3 fr., ci. .	93,368	»
Vannages transversaux 1,584 *id.* à 3 fr., ci. .	4,742	»
Placement des barrages mobiles sur une longueur de 990 mètres à 40 fr.	49,500	»
Déplacement et transport des 990 mètres courants de barrages à 40 fr..	39,600	»
Clayonnages 750 mètres courants à 0 fr. 50 c.	2,625	»
Dix buses à clapets à 400 fr. l'une.	4,003	»
Deux aqueducs de rentrée des eaux des contre-fossés à 4,000 fr.	8,000	»
Un aqueduc pour la décharge des eaux du canal à 6,000 fr. .	6,000	»
Une passerelle sur l'embouchure de la Clauge.	1,500	»
Total, *à reporter*. . . .	579,369	»

D'autre part. . . .	579,369 fr.	»
1/20e du montant des travaux, pour équipages et frais d'entreprise.	22,039	35
Total. . . .	601,408	35
Somme à valoir pour cas imprévus.	12,591	65
Total pour le complément de cette section. . .	614,000 fr.	» c.

RÉCAPITULATION POUR LE DOUBS SUPÉRIEUR.

1re partie.	175,000 fr. 00 c.		
2e partie.	614,000 00		
Ensemble.	789,000 fr. 00 c.	789,000 fr.	» c.
Charpente et fers de deux barrages en charpente, de 400 mètres de longueur à 250 fr. le mètre courant, ci.		100,000	»
Établissement des bureaux d'ateliers et magasins de régie. .		6,000	»
Frais de direction et de surveillance des travaux pendant 4 ans, à 12,000 fr. par an.		48,000	»
(*Nota*) *Si les travaux du Doubs supérieur s'exécutaient en même temps que ceux de la Loue et sous la même direction, la dépense de direction serait réduite de 2,000 fr. par an et pour 4 ans de 8,000 fr.*			
A valoir pour frais d'établissement des rôles de répartition et pour les expropriations.		12,000	»
Total. . . .		955,000	»
A déduire la valeur de 173 hectares de terrains occupés par les parties de l'ancien lit, qui resteront en dehors du nouveau lit, et susceptibles d'être rendus à la culture, à 600 fr. l'un, ci. . .		103,800	»
Reste à compter en dépenses.		851,200 fr.	» c.

ARTICLE III.

Travaux à faire pour la régularisation de l'endiguement du Doubs inférieur, depuis le Gros-Saulçoy jusqu'à la limite des départements du Jura et de Saône-et-Loire.

PREMIÈRE SECTION.

Du hameau de Gros-Saulçois à la limite des communes de Longwy et de Beauvoisin, sur une longueur de 10,422 *mètres.*

Les terrains à acquérir ont une superficie de 191 hectares 14 ares à 2,000 fr. l'un, prix moyen, ci.	383,080 fr.	» c.
Les déblais des contre-fossés sont de 50,750 mètres cubes à 0 fr. 20 c.	10,150	»
Les remblais des digues du Doubs et du Dorain et de deux ruisseaux affluents étant de 746,507 mètres cubes ; il reste pour les compléter 695,757 mètres à 0 fr. 60 c.	417,454	»
Les remblais en rivière sont de 914,548 mètres cubes à 0 fr. 45 c.	411,547	»
Direction du travail des eaux.	15,000	»
1er règlement des digues 125,064 mètres carrés à 0 fr. 02 c.	2,501	»
2e *id.* *id.* 125,064 *id.* à 0 fr. 04 c.	5,002	»
Gazonnement, 35,777 mètres carrés à 0 fr. 40 c.	14,311	»
Haies vives, 20,444 mètres courants à 0 fr. 40 c.	8,178	»
Vannages longitudinaux, 41,668 mètres courants à 3 fr. . .	125,004	»
Vannages transversaux, 3,356 *id.* à 3 fr. . .	10,068	»
Placement de 670 mètres courants de barrages mobiles à 60 fr.	40,200	»
Déplacement et transport des mêmes barrages à 50 fr. . .	33,500	»
Clayonnages, 540 mètres à 5 fr.	2,700	»
10 buses à clapet à 600 fr.	6,000	»
Six aqueducs à 6,000 fr.	36,000	»
Trois passerelles sur le Dorain et sur les deux ruisseaux affluents.	25,000	»
Total. . . .	1,545,695	»
1/20e du montant des travaux, pour équipages et frais d'entreprise.	58,138	75
Total. . .	1,603,825	75
Somme à valoir pour cas imprévus. . .	16,174	25
Montant total de la première section. . .	1,620,000	»

DEUXIÈME SECTION.

De la limite des communes de Longwy et de Beauvoisin, à la limite du département du Jura, en amont de Fretterans, sur une longueur de 5,525 *mètres.*

La surface du terrain à acquérir est de 65 hectares 48 ares, lesquels à 1,500 fr. l'un valent, ci.	98,220	»
Le déblai des contre-fossés est de 16,086 m.c., lesquels à 0 fr. 20 c.	3,217	»
Le complément du remblai des digues est de 329,085 m.c. à 0 fr. 60 c.	197,451	»
Les remblais en rivière sont de 119,838 mètres cubes à 0 fr. 45 c.	53,927	»
Direction du travail des eaux.	10,000	»
1er règlement des digues, 66,300 mètres carrés à 0 fr. 02 c.	1,326	»
2e *id.* *id.* 66,300 *id.* à 0 fr. 04 c.	2,652	»
Gazonnement, 19,337 mètres carrés à 0 fr. 40 c.	7,735	»
Haies vives, 11,050 mètres courants à 0 fr. 40 c.	4,420	»
Vannages longitudinaux, 11,050 mètres courants à 3 fr. . .	33,150	»
Vannages transversaux, 1,461 *id.* à 3 fr. . .	4,383	»
Placement de 460 mètres courants de barrages mobiles à 60 fr. le mètre.	27,600	»
Déplacement et transport de ces 460 mètres de barrages à 50 fr.	23,000	»
Clayonnages, 540 mètres à 6 fr.	3,240	»
Cinq buses à clapet à 700 fr.	3,500	»
Deux aqueducs pour les eaux des contre-fossés à 5,000 fr. l'un.	10,000	»
Total. . .	483,821	»
1/20e sur le montant des travaux, pour équipages et frais d'entreprise.	19,280	»
Total. . .	503,101	»
Somme à valoir pour cas imprévus. . .	9,899	»
Montant total de la deuxième section. . .	513,000	»

TROISIÈME SECTION.

Comprenant la traversée du territoire de la commune d'Annoire (Jura), faisant enclave sur le cours du Doubs, entre deux parties du lit de cette rivière situées sur le département de Saône-et-Loire, sur une longueur de 397 mètres.

Les terrains à acquérir ont une superficie de 10 hectares, 13 ares, lesquels à 1,500 fr. l'un, valent.	15,195 fr.	» c.
Le déblai des contre-fossés est de 942 mètres cubes à 0 fr. 20 c.	188	»
Le complément du remblai des digues est de 30,492m cubes, lesquels, à 0 fr. 60 c. l'un, valent.	18,295	»
Les remblais en rivière sont de 9,310m cubes à 0 fr. 45 c.. .	4,190	»
Direction du travail des eaux.	2,500	»
1er règlement des digues 7,564 mètres carrés à 0 fr. 02 c. .	151	»
2e *Idem* *Idem* 7,564 *Idem* à 0 fr. 04 c. .	302	»
Gazonnement, 2,089 mètres carrés à 0 fr. 40 c.	836	»
Haies vives, 1,194 mètres cubes à 0 fr. 40 c.	478	»
Vannages longitudinaux, 2,388 mètres courants à 3 fr. . .	7,164	»
Vannages transversaux, 203 *Id.* à 3 fr. . .	609	»
Placement d'un barrage de 75 mètres courants à 65 fr. . .	4,875	»
Déplacement et transport de ces 75m courants à 55 fr. . .	4,125	»
Clayonnages, 180 mètres à 7 fr.	1,260	»
Une buse à clapet à 700 fr.	700	»
Total.	60,868	»
1/20e du montant des travaux, pour équipages, et frais d'entreprise.	2,233	65
Total.	63,101	65
Somme à valoir pour cas imprévus.	2,998	35
Total de la 3e section.	66,100	»

RÉCAPITULATION.

Première section.	1,620,000 fr.	» c.
Deuxième section.	513,000	»
Troisième section.	66,100	»
Total des trois sections, *à reporter.*	2,199,100	»

D'autre part.	2,199,100 fr.	» c.
Charpentes et fers de 500 mètres courants de barrages mobiles, à 300 fr., ci.	150,000	»
Etablissement de bureaux, d'ateliers et de magasin de régie. .	10,000	»
Direction, surveillance des travaux 15,000 fr. par an, et pour cinq ans.	75,000	»
A valoir, pour répartition des contributions et pour expropriation.	15,000	»
Total.	2,449,100	»
A déduire, 340 hectares de terrains actuellement occupés par le cours actuel du Doubs inférieur, qui resteront en dehors du nouveau lit et pour être rendus à l'agriculture, à 600 fr. . .	204,000	»
Montant général des dépenses pour le Doubs inférieur. . .	2,245,100	»

Le montant total des dépenses des trois projets ensemble, est de 4,930,300 fr. Les indemnités de terrain entrent dans cette somme pour 1,041,000 fr., c'est-à-dire plus du quart de la dépense totale.

Les dépenses d'exécution des trois projets peuvent paraître considérables au premier aspect; mais il faut considérer que l'étendue des lits à endiguer est de 52,094 mètres, que la dépense moyenne par mètre courant n'est que de 70 francs pour la Loue, de 86 francs 80 cent. pour le Doubs supérieur, et de 136 francs pour le Doubs inférieur, ce qui donne 97 francs pour moyenne générale de la dépense d'un mètre courant de nouveau lit endigué. (Dépense dans laquelle les indemnités de terrain seules entrent pour 23 francs 83 cent.) Or cette dépense est inférieure de plus de moitié à la dépense d'exécution de la majeure partie des chemins de fer et des canaux qui, n'occupant que des largeurs de 20 à 30 mètres, sont beaucoup moins chargées d'indemnités, et cette dépense n'est guère que le double de celle qu'exige ordinairement l'établissement d'une simple route royale, qui n'occupe que 15 à 20 mètres de largeur. Or, on ne peut se dispenser de reconnaître que les endiguements de la Loue et du Doubs présentent infiniment plus de difficultés pour l'exécution, que celles que l'on rencontre dans la plupart des canaux et des chemins de fer, où tout est régulier et facile en comparaison des obstacles naturels et des endiguements.

EXÉCUTION DES SPÉCIMENS.

Les dépenses pour les deux spécimens proposés sont :

Pour celui de la Loue.	134,000 fr.	»
Et pour celui du Doubs.	175,000	»

Il faut ajouter à ces dépenses d'exécution, l'établissement, pour chacun des spécimens, de barrages mobiles en charpente, qui serviront ensuite pour toutes les autres parties de chaque rivière, en les reportant successivement de l'une sur l'autre; ceux de la Loue sont estimés 63,000 francs, et ceux du Doubs 100,000 francs.

Il faut ensuite ajouter pour chaque spécimen :

1° Les frais de direction et de surveillance des travaux, qui seront pour chacun d'eux de.	6,000 fr.	»
2° Les frais d'établissement de bureaux et de magasins de régie, de.	1,200	»
Et 3° les frais d'établissement des rôles de répartition et d'expropriation.	1,800	»
Ce qui donne pour chaque spécimen.	9,000	»

En sorte que la dépense totale pour l'exécution des spécimens sera de 206,000 francs pour celui de la Loue, et de 284,000 francs pour celui du Doubs. — Ensemble 490,000 francs, qui comprennent une avance de 163,000 francs sur les travaux ultérieurs, par suite de l'exécution des deux barrages mobiles qu'exigent les spécimens, et qui serviront ensuite pour l'ouverture des autres parties de chaque lit.

CHAPITRE IV.

Du rapport des intérêts relativement aux dépenses à faire pour la réalisation des projets présentés, des moyens d'exécution, et de la répartition des dépenses entre les intéressés.

Les faits et les observations consignés dans les trois chapitres précédents, et particulièrement dans le second, suffisent pour prouver que les endiguements de la Loue et du Doubs, au-dessous de Dôle, ont le triple caractère d'intérêt général, d'intérêt départemental, et d'intérêt local.

L'intérêt public et général concerne le gouvernement; nous allons indiquer les principaux résultats à attendre de l'exécution des travaux projetés, qui sont dans cette catégorie.

Premièrement. L'endiguement des deux rivières est nécessaire pour rendre le flottage des bois de marine de grande dimension (que fournissent abondamment les vastes et belles forêts du Jura et du Doubs), plus facile, plus régulier, plus sûr et moins dispendieux. Dans l'état actuel des deux rivières, le flottage est souvent interrompu pendant cinq et six mois de suite, et jamais on n'est certain des époques auxquelles on pourra rendre les bois à destination. Les époques auxquelles on peut flotter à trains complets, c'est-à-dire avec deux lits de pièces de charpente superposées, sont très-rares, car ce flottage n'est possible que par les bonnes eaux moyennes, et les états des eaux les plus fréquents sont les alternatives rapides de crues et de basses eaux; celles-ci sont les plus habituelles, car elles ont lieu également en été et en hiver; en été, tant qu'il ne pleut pas abondamment; en hiver, pendant tout le temps des gelées et des neiges, parce que, dans cette saison, les eaux ne gonflent que lors des fontes de neige subites, qui produisent de fortes crues qui ne durent que deux ou trois jours, et après lesquelles les eaux redescendent en quelques jours à un état voisin de l'étiage, et insuffisant pour le flottage.

Il y a fréquemment assez d'eau pour flotter sur de grandes étendues, mais les irrégularités de profondeur sont telles que souvent, quand il y a 2^{m} et même 2,^{m}50 d'eau sur la majeure partie des courants, il y a de nombreux passages où la profondeur n'est que de 50 à 60 centimètres, et il faut au moins 1^{m},20 d'eau pour pouvoir flotter.

Quand les eaux montent de 3 à 4 mètres, la vitesse est trop grande pour pouvoir passer dans les tournants courts et brusques, qui sont si nombreux, sans courir le danger de briser les radeaux ou de les échouer.

En outre, les passages aux mauvais pertuis pratiqués dans les barrages des trois moulins d'Ounans, de Nevy et de Parcey sont toujours difficiles, et souvent dangereux.

Si les besoins de la marine exigeaient une prompte fourniture un peu considérable, on ne pourrait, dans l'état actuel, répondre de fournir des bois du Jura à des époques déterminées, même à trois ou quatre mois près.

Les contours brusques et de petit rayon, qui sont si nombreux sur ces deux rivières, ne permettent de faire que des trains d'une longueur déterminée et empêchent de pouvoir conduire les pièces de grande longueur, qui sont favorables pour de grandes constructions et particulièrement pour les mâtures de la marine, et de profiter sous ce rapport des avantages que présentent les forêts du Jura, et notamment la belle et vaste forêt de la Joux, dont la plupart des arbres ont de 40 à 50 mètres de hauteur et où l'on trouve même des pièces plus longues.

La conduite d'un radeau simple ne coûte guère moins que celle d'un radeau double, en sorte que, si l'on pouvait constamment flotter avec des radeaux doubles, le prix du flottage serait diminué de près de moitié.

Les quantités de bois provenant des forêts de l'état comprises dans le département du Jura que l'on flotte annuellement, sont, d'après la lettre de M. le conservateur de Lons-le-Saulnier, jointe aux pièces du projet, en bois de service: 2,500 mètres cubes; en grand bois de radeau, 10,000 mètres cubes de sapin, et 250 mètres cubes de chêne. M. le conservateur fait remarquer que le département du Doubs fournit aussi des bois au flottage de la Loue et du Doubs. Nous avons demandé à plusieurs reprises à M. le conservateur de Besançon l'indication des quantités; il nous a répondu dernièrement qu'il ne pourrait envoyer la note qu'en septembre. L'arrondissement de Pontarlier, qui a une grande partie de ses versants sur la Loue, et qui renferme de nombreuses et vastes forêts de bois résineux, doit fournir une assez grande quantité de bois de flottage; on nous a dit que cette quantité devait approcher de celle que fournit le Jura.

Secondement. Non-seulement le flottage régulier et complet sera assuré en tout temps par l'exécution de nos projets, mais encore toutes les fois que les eaux seront sensiblement supérieures à l'étiage, on pourra faire porter aux trains des charges de marchandises descendantes, comme bois ouvrés, bois de chauffage, fers, sels, vins et blés, ce qui sera favorable au commerce et diminuera encore les frais de transport des bois de marine, à raison des bénéfices que produiront les marchandises qu'on leur fera porter, ces chargements pouvant aller par les bonnes eaux, de 40 à 50,000 kilogrammes.

Troisièmement. Le Doubs pourra servir alors depuis Dôle à la descente des bateaux venant de l'est, et dont les chargements sont destinés pour Châlons, Mâcon, Lyon et le Rhône. — Lorsque le cours sera rendu régulier et facile par l'endiguement, les bateaux descendants préféreront certainement cette voie, à raison de la célérité et de l'économie qu'ils y trouveront, puisqu'il est constaté déjà par des exemples, que des bateaux qui ont pris cette direction, quand les eaux le permettaient, en passant par-dessus le barrage de Crissey, sont arrivés à la Saône trois jours avant les bateaux qui, partis de Dôle en même temps, ont suivi le canal du Rhône au Rhin et la Saône depuis Saint-Jean-de-Losne, et ils ont en même temps évité les frais de passage des écluses, ce qui a produit une économie importante.

Pour que le commerce puisse profiter de cette voie rapide et économique, il suffira d'établir une écluse au barrage de Crissey.

On sait avec quel empressement le commerce adopte les voies nouvelles qui lui sont offertes, quand elles lui présentent à la fois économie de temps et de frais, et que c'est en lui procurant le plus possible ces deux sortes de bénéfices par la multipication de ses canaux, que le commerce britannique a atteint un si haut degré de prospérité. — C'est donc là un avantage d'intérêt public qui doit toucher le gouvernement, et en même temps un intérêt départemental, parce que le commerce général des vallées du Doubs et de la Loue, et les nombreuses usines de ce département, qui sont en souffrance, trouveront dans l'économie et la célérité des transports de leurs produits, des bénéfices réels qui pourront compenser une partie de leurs pertes; le public en profitera de son côté par l'abaissement des prix de vente, qui en sera la conséquence certaine; car, par la nature des choses, ces sortes de bénéfices se partagent toujours entre les producteurs et les consommateurs.

Quatrièmement. La préservation d'une immense étendue de terrains en culture, des ravages qu'ils éprouvent maintenant, dispensera des réductions nombreuses d'impositions que l'on est obligé d'accorder chaque année aux terrains corrodés ou envahis par les deux rivières, et à ceux dont les récoltes sont perdues ou avariées par les inondations.

Cinquièmement. Les terrains occupés maintenant par les bras de la Loue et du Doubs qui resteront hors du nouveau lit, étant rendus cultivables en prairies (au moyen des dépôts de sables et des limons des grandes eaux, qui y seront déversés du nouveau lit au moyen de buses à clapets pratiquées à travers les digues pour cet usage), les impositions du département s'accroîtront 1° de celles des terrains conquis, dont la superficie est de 768 hectares, 2° de celles des usines nouvelles qui s'établiront sur les trois chutes créées par l'exécution du projet, et 3° des droits de mutations de propriétés qui résulteront nécessairement de l'augmentation des terrains en culture.

Sixièmement. La prospérité de l'état se composant de la prospérité partielle de chaque département, le gouvernement doit favoriser de tout son pouvoir les travaux d'amélioration qui ont un caractère d'utilité générale, et y contribuer par une allocation sur les fonds du trésor.

Septièmement. Enfin le gouvernement doit mettre d'autant plus d'intérêt à seconder l'exécution de ces projets, qu'ils serviront d'exemple pour les autres départements, où les mêmes désordres existent, et où des travaux analogues produiront des avantages semblables pour ces départements et pour l'état.

Par ce dernier motif nous pensons que le gouvernement doit surtout désirer et favoriser l'exécution des spécimens d'endiguement projetés pour la Loue et pour le Doubs, qui doivent servir d'épreuve pour les moyens d'exécution proposés, et d'exemple pour les travaux du même genre que réclament les autres départements.

Il résulte des estimations portées au chapitre 3e, que les dépenses à faire pour l'endiguement complet de la Loue, sont de. . . . . . . 1,834,000 fr. »

Les dépenses pour le Doubs supérieur, de.	851,200	»
Et celles du Doubs inférieur, de.	2,245,100	»
Ce qui fait en tout.	4,930,300	»

Les indemnités de terrains comprises dans ces sommes, sont :

Pour la Loue.	549,529 fr. »
Pour le Doubs supérieur.	195,550 »
Pour le Doubs inférieur.	496,495 »
Et ensemble.	1,241,574 »

Ces travaux peuvent s'exécuter en cinq ans, d'où il résulte que la dépense annuelle serait de 986,060 francs.

Les trois syndicats nommés par M. le préfet du Jura pour préparer les mesures administratives d'exécution, ayant pris connaissance des projets présentés et ayant reçu de l'auteur du projet des explications détaillées sur les moyens d'exécution, ont généralement témoigné confiance dans le succès de ces moyens et exprimé l'intention bien arrêtée d'y concourir de tout leur pouvoir; mais des dépenses aussi considérables seraient fort au-dessus des facultés du département et de celles des intéressés.

Nous pensons que pour que ces projets puissent se réaliser, il faudrait que le gouvernement y concourût au moins pour une somme de deux millions à répartir sur la durée des travaux.

Pour la Loue.	750,000 f.	c'est-à-dire	150,000 f.	par an en supposant que l'on exécute en 5 ans.	
Pour le Doubs supérieur.	350,000	et	70,000	par an.	*Id.*
Pour le Doubs inférieur.	900,000	et	480,000	*Id.*	*Id.*
Totaux. . .	2,000,000	et par an	460,000	si l'on exécute les 3 projets en même temps.	

En suivant la même proportion, le gouvernement aurait à fournir pour les spécimens, savoir :

Pour celui de la Loue. . .	83,000 fr.
Et pour celui du Doubs. . .	113,000
Ensemble.	196,000 fr.

Qu'il serait désirable d'obtenir sur l'exercice 1845, pour pouvoir commencer les travaux le printemps prochain.

L'intérêt du département du Jura consiste dans les avantages que procurent toujours à un département les accroissements de productions agricoles et industrielles et du mouvement commercial d'une partie importante de son territoire, et dans la nécessité de mettre un terme aux plaintes et aux réclamations nombreuses qui sont déterminées chaque année par les ravages que produisent la Loue et le Doubs, et aux craintes d'accroissements des maux déjà éprouvés par les accroissements de volume et d'impétuosité des crues constatées dans ces dernières années; enfin dans le principe d'équité qui veut que les habitants d'un même département, soumis tous aux mêmes charges, participent aussi également que possible aux répartitions des ressources départementales.

Si les rivières de la Loue et du Doubs étaient bien endiguées, les deux vallées qu'elles parcourent, et auxquelles elles ne font maintenant que du mal, deviendraient les parties les plus riches et les plus fertiles du département. La plupart des propriétés de ces deux vallées augmenteraient de valeur par suite de la sécurité des récoltes, et par la faculté d'employer utilement les eaux des deux rivières à des irrigations qui sont nulles maintenant parce que l'irrégularité des courants les rend impraticables.

D'après ces motifs, il nous paraît juste que le département concoure aux dépenses pour une somme de 300,000 fr., un peu plus du 16e de la dépense totale, dont déjà 100,000 sont votés et réalisés. Il resterait à voter 200,000 fr. en cinq ans, soit 40,000 fr. par an pour assurer l'exécution des projets. Nous pensons que le contingent départemental pourrait être réparti comme il suit : 115,000 fr. pour la Loue; 55,000 pour le Doubs supérieur, et 130,000 pour le Doubs inférieur.

En déduisant le contingent que nous proposons de demander au gouvernement, et celui que nous supposons que le département devrait fournir, qui s'élèvent ensemble à 2,300,000 fr., les sommes qui resteraient à fournir par les habitants et par les communes des deux vallées intéressées à l'exécution des endiguements seraient, savoir :

Pour la Loue 969,000 fr. payables en cinq ans, soit 193,800 fr. par an ;
Pour le Doubs supérieur 536,000 fr., soit 107,200 fr. par an;
Et pour le Doubs inférieur 1,115,000 fr., soit 223,000 fr. par an.

En résumé, si l'on admettait les propositions qui précèdent, les répartitions seraient établies comme elles sont indiquées dans le tableau suivant :

INDICATIONS DES PROJETS.	DÉPENSES TOTALES.	CONTINGENT DU GOUVERNEMENT.	CONTINGENT DES DÉPARTEMENTS.	CONTINGENT DES INTÉRESSÉS.
	fr. c.	fr. c.	fr. c.	fr. c.
Projet de la Loue.	1,834,000 »	750,000 »	115,000 »	969,000 »
Projet du Doubs supérieur.. . .	851,200 »	350,000 »	55,000 »	446,000 »
Projet du Doubs inférieur. . . .	2,245,100 »	900,000 »	130,000 »	1,215,000 »
Pour les trois projets ensemble. .	4,930,300 »	2,000,000 »	300,000 »	2,630,000 »

D'après les travaux préparatoires des syndicats, les contingents des intéressés pourraient se former au moyen de contributions établies à raison de 300 fr., soit 60 fr. par an, pendant cinq ans, pour chaque hectare de terrains exposés aux corrosions et aux envahissements sur une zone moyenne de 300 mètres de largeur de chaque côté des rives actuelles, et de 150 fr., soit 30 fr. par an, par hectare, pour les terrains exposés aux inondations par débordements des rivières.

Ces impositions ont généralement paru équitables, et les syndicats ont la confiance qu'elles pourront être payées facilement.

Nous avons proposé d'exécuter d'abord un spécimen sur la Loue et un spécimen sur le Doubs, pour servir d'épreuve du système proposé.

Il est indispensable pour la garantie des premiers travaux qui seront exécutés, que les parties de rivières où ils se feront, partent d'un point invariable, où le lit soit fixe et assuré, tels sont le moulin Toussaint sur la Loue et le barrage de Crissey sur le Doubs, lesquels points sont en même temps les têtes des nouveaux lits à ouvrir.

L'exécution du spécimen de la Loue exige une somme de 206,000 fr., dans laquelle les barrages mobiles en charpente entrent pour 63,000 fr.; et comme cette charpente (établie de manière à être montée et démontée à volonté), servira successivement pour toutes les autres parties de la même rivière, cette dépense est une avance sur la continuation des travaux, en sorte que la dépense réelle pour la partie de rivière à endiguer comme spécimen n'est réellement que de 143,000 fr.

De même pour la partie du Doubs supérieur à exécuter en spécimen, la dépense portée à 284,000 fr., comprend des barrages en charpente qui coûteront 100,000 fr. En sorte que la dépense réelle pour la partie de rivière à exécuter en spécimen n'est que de 184,000 fr.

En suivant l'échelle de répartition proposée pour les contingents,

Pour l'exécution des deux spécimens :

Le département fournirait.	30,000 fr.
Le gouvernement.	196,000
Et les intéressés.	264,000
Total égal	490,000 fr.

Et il y aura sur cette dépense avance de 163,000 fr. en barrages mobiles pour la continuation des travaux.

Si l'on veut exécuter un spécimen sur le Doubs inférieur, il devra être établi à partir du pont de Petit-Noir, qui est aussi un point fixe; sa dépense serait d'environ 200,000 fr. en y comprenant les frais d'un barrage mobile qui coûtera environ 100,000 fr., et servira ensuite pour l'exécution des autres sections.

Nous ferons observer que la première partie du nouveau lit de la Loue, à partir du moulin Toussaint, est entièrement sur le territoire d'Arc et

Senans, qui fait partie du département du Doubs; par ce motif nous avons fait une double expédition de cette partie du plan général, qui doit être envoyée dans ce département pour les enquêtes, avec un exemplaire du Mémoire général que M. le préfet du Jura a annoncé l'intention de faire imprimer pour qu'il puisse être mieux connu lors des enquêtes.

FIN.

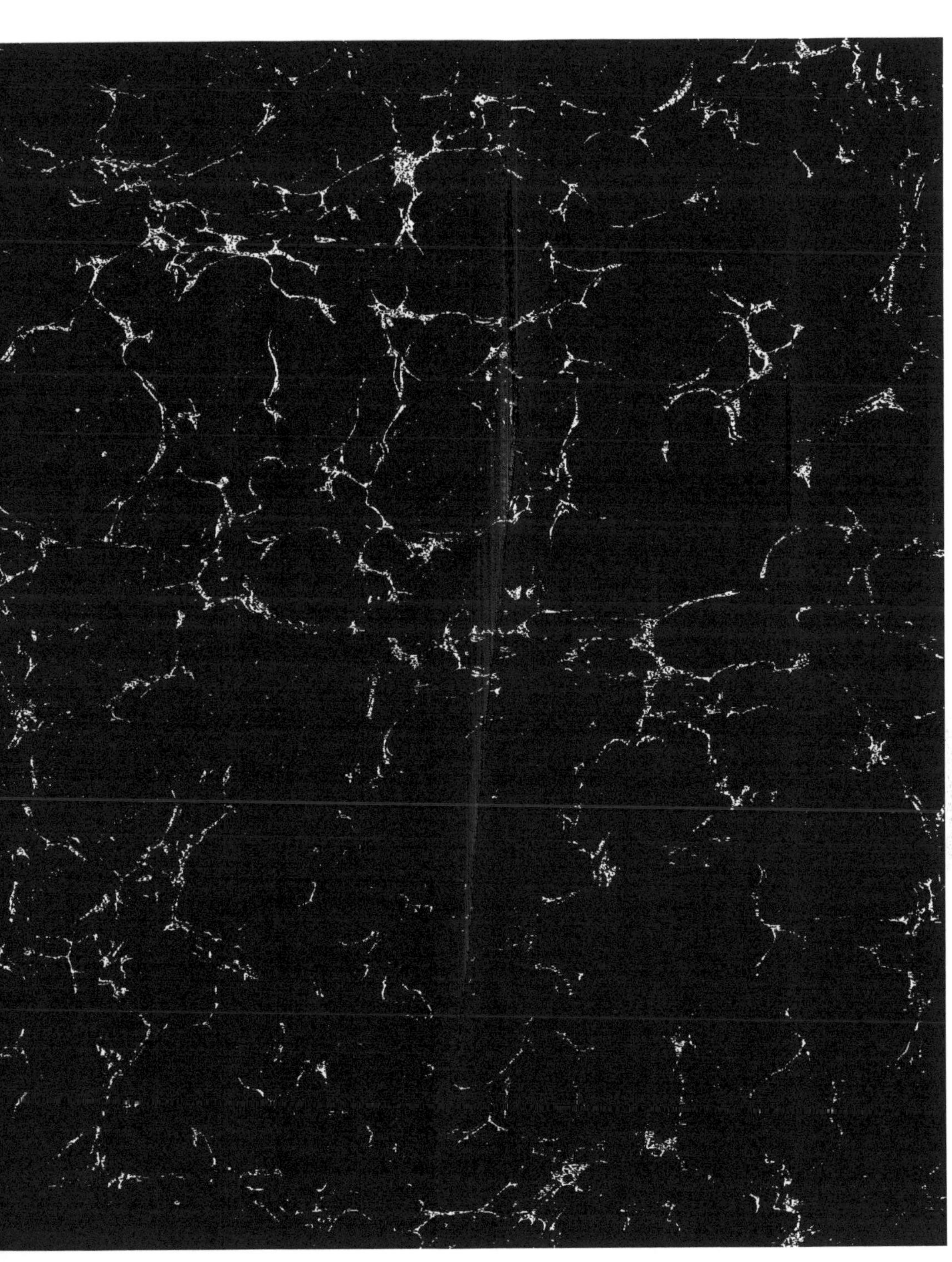

www.ingramcontent.com/pod-product-compliance
Ingram Content Group UK Ltd.
Pitfield, Milton Keynes, MK11 3LW, UK
UKHW020331250726
13967UKWH00005B/1981

9 782012 928251